Analysis of High-throughput
Sequencing Data of
Microbial Amplicon

微生物扩增子高通量测序数据分析

许继飞 主编

化学工业出版社
· 北 京 ·

内 容 简 介

本书详细介绍了微生物扩增子高通量测序数据格式和数据质控、扩增子高通量数据分析方法、微生物多样性分析、微生物群落结构及差异分析、基因功能预测、微生物与环境因子关联分析及相关可视化等内容，兼具分析理论和方法实操。从实验设计、质量控制、数据分析到可视化图表，由浅入深，循序渐进，是一本系统的微生物扩增子高通量测序数据分析的实战工具书。

本书适合广大生物信息学、生物技术、生态、环境、食品、医学等相关领域的科研人员和相关专业师生阅读。

图书在版编目（CIP）数据

微生物扩增子高通量测序数据分析/许继飞主编．—北京：化学工业出版社，2023.8（2024.4重印）
ISBN 978-7-122-43528-6

Ⅰ.①微…　Ⅱ.①许…　Ⅲ.①微生物-生物工程
Ⅳ.①TQ92

中国国家版本馆 CIP 数据核字（2023）第 088739 号

责任编辑：冉海滢　刘　军　　　　　　　　　　文字编辑：李　雪　李娇娇
责任校对：宋　玮　　　　　　　　　　　　　　装帧设计：刘丽华

出版发行：化学工业出版社（北京市东城区青年湖南街 13 号　邮政编码 100011）
印　　装：北京天宇星印刷厂
710mm×1000mm　1/16　印张 13½　字数 262 千字　2024 年 4 月北京第 1 版第 2 次印刷

购书咨询：010-64518888　　　　　　　　　　售后服务：010-64518899
网　　址：http://www.cip.com.cn
凡购买本书，如有缺损质量问题，本社销售中心负责调换。

定　　价：88.00 元　　　　　　　　　　　　　　　版权所有　违者必究

前言

    微生物扩增子高通量测序以成本低、鉴定效率高和灵敏度高等优点成为环境微生物群落分析的主流研究手段之一，它既能对微生物进行定性定量研究，又规避了传统方法中绝大部分微生物不能培养的缺陷。近年来，高通量测序技术的快速发展催生出了一系列微生物组研究的技术手段，同时也积累了海量数据。

    高通量测序数据的分析涉及生物学和计算机科学的相关知识，但是同时具有生物学与计算机科学背景的研究者并不多，因此测序数据的分析是很多研究者开展研究时面对的首要难题。如果想要挖掘测序数据中的生物学意义，研究者需熟练掌握扩增子分析的相关方法与技术，但繁杂的数据处理过程与晦涩难懂的分析原理极大地限制了相关研究者的工作。基于此，本书编者团队总结了微生物扩增子高通量测序数据分析实战过程中的所疑所学所知，编写了本书。

    如何用好本书呢？如果是扩增子分析零基础的读者，可以先使用本书提供的示例数据，根据书中的实操步骤逐步练习，成功获得正确的结果后再进行个人数据的分析；如果是基础较好的读者，可以直接根据个人所需查阅对应板块进行学习。在 Linux 以及 R 下使用的代码均可直接按书中提供的代码输入运行。书中部分图片以彩图形式放于二维码中，读者扫码即可参阅。

    为了让读者更好地分析数据，避免遇见硬件和软件上的问题，推荐计算机的配置为操作系统 Windows10 或 Windows11，4＋核心 CPU，16GB＋内存，100GB＋可用储存空间。常用开源软件包括 QIIME2、Past4、STAMP、R、Gephi 等，部分流程提供了编者计算机的运行时间供参考，以便读者对分析时间做好把握。本书使用的示例数据可通过微信公众号"环微分析"获取或访问 NCBI 进行下载。

    本书由许继飞（第 1 章、第 2 章和第 3 章）、徐林芳（第 4 章、第 5 章 5.1 和 5.2 内容）、柳兰洲（第 5 章 5.3、5.4 和 5.5 内容、第 6 章 6.1 和 6.2 内容）、梁珊珊（第 6 章 6.3 和 6.4 内容）编写。全书由许继飞统稿，由许继飞、徐林芳、柳兰洲、梁珊珊和张沐阳校阅。

由于编者的水平所限，本书难免存在疏漏和不当之处，恳请广大读者批评指正。

许继飞

2023 年 1 月

目录

参考文献　　207

第 **1** 章

测序数据

二代测序（next-generation sequencing，NGS）通过引入可逆终止末端实现了边合成边测序（sequencing by synthesis）。目前测序平台主要来源于 Illumina、Life Technologies 和华大基因等公司，主流技术平台包括 Illumina 的 Miseq 和 Hiseq、华大基因的 BGISEQ-50 和 BGISEQ-500 等。二代测序仪可以在 DNA 复制过程中捕捉新添加的碱基所携带的荧光分子标记，4 种不同的碱基 ATCG 对应 4 种不同颜色的荧光，进而根据荧光信号推测确定每个位点的碱基类型，最终获取 DNA 的序列，输出数据通常是 FASTQ 格式。

在二代测序中，每个碱基的推测确定都存在一定的错误率，而错误率会随着测序读长增大而增大。因为单个 DNA 分子必须扩增成由相同 DNA 组成的基因簇，然后通过同步复制来增强荧光信号从而读出 DNA 序列。然而，随着读长增长，基因簇复制的协同性降低，导致荧光信号不稳定与碱基测序质量下降，这极大限制了二代测序的读长（通常小于 500bp）。碱基质量分数与错误率是衡量测序质量的重要指标，质量值越高代表碱基被测错的概率越小，一条序列的质量取决于序列中全部碱基的质量。众所周知，数据质量对下游分析的影响非常大，因此质量评估与质量控制自然也是数据分析前的必做工作。

1.1 示例数据

本书以不同类型草原土壤微生物的研究为案例，使用通用、经典的分析流程和常见的可视化方法进行数据挖掘，为读者提供从头到尾的生信分析实操指导。

1.1.1 分析目标

为揭示不同类型草原土壤微生物群落结构特征、功能作用及其对土壤环境的响应机制，分析不同生境微生物群落的差异，探究土壤理化性质对微生物群落的影响，以深入认识草原生态系统中微生物群落的分布情况及其对土壤环境的响应机制，为更好地发挥草原生态服务功能提供科学依据。

1.1.2 采样点概况

研究区域位于内蒙古草原，整个样带自西向东延伸（图1-1），草原植被的覆盖度按荒漠草原（desert steepe，DS）、典型草原（typical steepe，TS）、草甸草原（meadow steepe，MS）依次升高。根据地面植被状况对三种类型草原的土壤进行采样调查。荒漠草原的植被为小针茅（*Stipa klemenzii*）；典型草原的植被主要有克氏针茅（*Stipa krylovii*）、冰草（*Agropyron cristatum*）、大针茅（*Stipa grandis*）；草甸草原代表性植被为羊草（*Leymus chinensis*）和大针茅（*Stipa grandis*）等。采样点的经度由112°10′11.01″E至117°19′36.21″E，纬度由43°15′23.31″N至44°16′28.00″N，海拔变化为957～1435m，详细信息如表1-1所示。

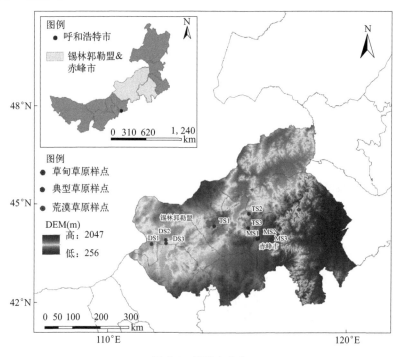

图1-1 采样点分布

表 1-1　采样点详细信息

草原类型	样地编号	主要植被	纬度	经度	海拔/m
荒漠草原	DS-1	小针茅	43°37′38.50″	112.10′11.01″	957
	DS-2	小针茅	43°43′11.16″	112.48′14.06″	980
	DS-3	小针茅	43°37′08.57″	112.48′13.96″	977
典型草原	TS-1	克氏针茅＋冰草＋阿旋	44°00′57.28″	114.57′17.52″	1079
	TS-2	克氏针茅＋冰草＋阿旋	44°16′28.00″	116.31′10.59″	1153
	TS-3	克氏针茅＋大针茅＋糙隐子草	43°51′02.53″	116.25′41.13″	1150
草甸草原	MS-1	羊草＋大针茅	43°29′12.77″	116.45′29.49″	1284
	MS-2	羊草＋羊茅＋日阴营	43°30′13.44″	116.49′15.29″	1435
	MS-3	大针茅＋冰草＋冷蒿	43°15′23.31″	117.19′36.21″	1201

1.1.3　理化数据

　　土壤中含有微生物生长所必需的营养物质、水分、酸碱度、温度、空气和渗透压等条件，并且土壤还为微生物提供保护层，因此土壤能为微生物提供良好的生活环境，是微生物的天然培养基。影响土壤微生物群落结构多样性的因素有很多，主要包括土壤自身的理化性质和植被群落的类型，如土壤颗粒大小、水分、pH 和有机质含量等。针对研究区域特点，选择含水率、pH、砂粒、粗粉砂、细粘粒、总氮、有机碳、总磷和 C∶N 等研究指标进行分析（表 1-2）。

表 1-2　不同采样点土壤理化性质

样点	含水率 (SMC) /%	pH	砂粒 (Sand) /%	粗粉砂 (Silt) /%	细粘粒 (Cosmid) /%	总氮 (TN) /(g/kg)	有机碳 (TOC) /(g/kg)	总磷 (TP) /(g/kg)	C∶N (TC/TN)
DS-1	0.82	8.25	92.55	7.10	0.66	1.15	5.67	0.17	4.94
DS-2	1.06	8.47	89.40	9.51	1.09	1.20	5.94	0.32	4.96
DS-3	1.09	8.36	89.97	8.81	1.21	1.52	9.52	0.31	6.22
DS-均值	0.99	8.36	90.64	8.47	0.99	1.29	7.04	0.27	5.37
TS-1	3.34	7.74	83.80	13.66	1.73	1.78	15.46	0.48	8.78
TS-2	6.42	7.20	80.55	17.89	1.56	2.41	24.69	0.57	10.27
TS-3	5.80	7.17	79.06	14.83	1.81	2.22	21.95	0.47	9.89
TS-均值	5.19	7.37	81.14	15.46	1.70	2.13	20.70	0.51	9.65
MS-1	14.40	6.96	83.21	14.61	2.19	3.11	26.65	0.66	8.58
MS-2	11.87	7.09	79.07	18.76	2.17	2.54	19.45	0.61	7.64
MS-3	13.89	7.37	74.55	22.20	3.24	2.77	19.99	0.60	7.23
MS-均值	13.38	7.14	78.94	18.52	2.53	2.81	22.03	0.62	7.82

1.1.4 扩增子高通量测序数据

本案例对草原土壤细菌群落展开研究，选用通用引物 338F（5′-ACTCCTACGGGAGGCAGCAG-3′）和 806R（5′-GGACTACHVGGGTWTCTA-AT-3′）对细菌的 16S rDNA 的 V3-V4 区扩增。采用的测序平台为 Miseq PE 2×300，对测序数据的原始读长、平均长度、总碱基数目、Q30 和 Q40 的情况进行了统计（表 1-3）。

表 1-3　不同样本测序数据情况

样点	样本名称	原始读长	平均长度	总碱基数目	Q30	Q40
DS-1	sample1	60130	301	36198260	91.033	97.169
DS-2	sample2	60724	301	36555848	90.683	97.057
DS-3	sample3	78002	301	46957204	90.930	97.143
TS-1	sample4	79613	301	47927026	91.023	97.187
TS-2	sample5	62384	301	37555168	90.929	97.157
TS-3	sample6	63335	301	38127670	90.984	97.145
MS-1	sample7	69360	301	41754720	90.188	96.949
MS-2	sample8	76666	301	46152932	90.888	97.133
MS-3	sample9	85813	301	51659426	90.835	97.123

原始数据已经提交至 NCBI，登录号 PRJNA785123，获取方式如下。

（1）进入 NCBI 官网，点击右上角的 Login；如果没有账号需要注册一个，Windows 用户推荐使用 Microsoft 的三方登录方式，也可以选择其他注册登录选项。登录之后，在上面的搜索栏里选择 BioProject，输入登录号 PRJNA785123，跳转到数据信息页面（图 1-2）。点击 "Project Data" ＞ "Resource Name" ＞ "SRA Experiments" 处的数字 "9" 跳转到单个样本列表页面。

（2）点击其中一个样本，进入样本信息介绍页面（图 1-3），该页面有序列的一些必要信息，例如 Layout 显示 PAIRED，说明本次示例数据为双端数据。点击网页最下方的表格 "Run" 中的样本，跳转至新的网页，点击网页中的 "Data access"，可以发现该网页提供了 3 个网址，SRA Normalized 对应的网址提供了序列的原始信息，点击该网址将序列文件下载至 C 盘用户文件夹中，其余 8 个样本可以直接修改网址后面两个样本号码的信息或者继续按照上述步骤依次操作，均可下载序列文件。

（3）格式转换：将 SRA 文件转换为 FASTQ 文件。

① Windows 下操作。

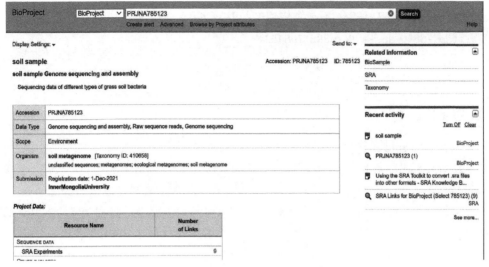

图 1-2　数据 BioProject 页面信息

图 1-3　样本信息介绍页面

a. 用 SRA Toolkit 将 SRA 文件转换为 FASTQ 文件。在 SRA Toolkit 官网下载 Win 版本压缩包。

b. 将压缩包解压到 C 盘用户文件夹下。若将工具包解压至其他盘，使用之前要查阅官网中软件的 Configuration 模块提前配置环境。

c. 快捷键 win+R 调出运行对话框，输入 cmd 打开命令提示符界面。

d. 输入 cd C：\ Users \ 用户文件夹 \ sratoolkit. 3. 0. 0-win64 \ bin，进入 bin 文件夹后，输入 fastq-dump --stdout -X 2 SRR17084634，回车运行，测试工具包是否正常工作，如果屏幕显示文件内容表示工具可以正常使用。

e. 若想查看 fastq-dump 工具的使用方法，在命令提示符界面输入 fastq-dump -h，查看帮助信息。

f. 用法：fastq-dump[options]＜path/file＞，以 SRR17084634 为例，输入命令 fastq-dump --split-3 SRR17084634，屏幕上会显示从 SRR17084634 读取了 76666 条序列，拆分结果被写入新的文件（图 1-4）。

```
C:\Users\94981\sratoolkit.3.0.0-win64\bin>fastq-dump --split-3 SRR17084634
Read 76666 spots for SRR17084634
Written 76666 spots for SRR17084634
```

图 1-4　SRR17084634 文件转换

🔳 参数解读

　　--split-3：split 是分割的意思，-3 实际上是指将一个大文件拆分成 3 个小文件。若输出的结果文件只有 1 个，那么说明数据不是双端；若输出结果有 2 个文件，一般文件名称是 '＊_1.fastq' 和 '＊_2.fastq'，说明是双端数据并且数据质量比较高，没有低质量的 reads（读长）或者长度小于 20bp 的 reads；若输出结果有 3 个文件，说明是双端数据，但是有的数据质量不高，被单独存放在一个文件中。

　　g. 在当前路径 C：\ Users \ 用户文件夹 \ sratoolkit. 3. 0. 0-win64 \ bin（默认工作路径）输出结果文件 SRR17084634_1.fastq 和 SRR17084634_2.fastq，说明是双端数据且质量较好。其他 8 个 SRA 文件的拆分过程同上，均使用命令 fastq-dump --split-3＜文件名＞，在默认工作路径输出结果。

　　② 基于 Linux 系统。

　　a. 在终端命令中创建文件夹 mkdir SRA-FASTQ，将从 NCBI 下载的 SRA 格式数据复制粘贴到 Windows 的共享文件夹中，进入文件夹 cd SRA-FASTQ，输入 ls 查看数据，显示 9 个 SRA 文件（图 1-5）。

```
(qiime2-2022.2) qiime2@qiime2:~/share$ mkdir SRA-FASTQ
(qiime2-2022.2) qiime2@qiime2:~/share$ cd SRA-FASTQ
(qiime2-2022.2) qiime2@qiime2:~/share/SRA-FASTQ$ ls
SRR17084633   SRR17084635   SRR17084637   SRR17084639   SRR17084641
SRR17084634   SRR17084636   SRR17084638   SRR17084640
```

图 1-5　查看文件

　　b. 依次按顺序在命令行中输入下列命令 wget-P ～/Biosofts/ https：//ftp-trace. ncbi. nlm. nih. gov/sra/sdk/3. 0. 5/sratoolkit. 3. 0. 5-ubuntu64. tar. gz 从官网中下载工具包至安装路径，cd ～/Biosofts 进入工具包下载路径，tar zvxf sratool-kit. 3. 0. 5-ubuntu64. tar. gz -C ～/Biosofts 在当前路径中解压压缩包，～/Biosofts/sratoolkit. 3. 0. 5-ubuntu64/bin/fastq-dump -h 显示帮助界面，继续输入 echo 'export PATH=～/Biosofts/sratoolkit. 3. 0. 5-ubuntu64/bin：$ PATH' >> ～/. bashrc 配置环境变量，source ～/. bashrc 加载环境变量，最终输入 fastq-dump 显示工具包版本信息说明安装成功可以进行后续分析。

c. 输出的两个文件保存在/home/qiime2/share/SRA-fastq 中（图 1-6），其他 8 个 SRA 文件均使用命令 fastq-dump --split-3. /文件名，得到拆分结果。

```
(qiime2-2022.2) qiime2@qiime2:~/share/SRA-FASTQ$ ls
SRR17084633          SRR17084635          SRR17084637          SRR17084639          SRR17084641
SRR17084633_1.fastq  SRR17084635_1.fastq  SRR17084637_1.fastq  SRR17084639_1.fastq  SRR17084641_1.fastq
SRR17084633_2.fastq  SRR17084635_2.fastq  SRR17084637_2.fastq  SRR17084639_2.fastq  SRR17084641_2.fastq
SRR17084634          SRR17084636          SRR17084638          SRR17084640
SRR17084634_1.fastq  SRR17084636_1.fastq  SRR17084638_1.fastq  SRR17084640_1.fastq
SRR17084634_2.fastq  SRR17084636_2.fastq  SRR17084638_2.fastq  SRR17084640_2.fastq
```

图 1-6　输出文件目录

（4）更改序列名称。根据从 NCBI 官网下载的 SraRunInfo 表格中 AD 列的 Sample Name 内容与表 1-3 对应，SRR17084641 _ 1. fastq 重命名为 sample1. 1. fastq，SRR17084641 _ 2. fastq 重命名为 sample1. 2. fastq，剩余 16 个 FASTQ 文件均按上述过程进行重命名。

1. 2　文件类型

在生物信息学中，由于数据的差异性非常大，需要统一的格式来记录数据的类型、来源和结构等，便于数据的可重复利用。为使生物数据能被计算机程序识别调用，生物数据必须转换为计算机能读取的标准格式，常见的方法是把数据存为文本文件。二代测序平台获得的原始数据通常采用 FASTQ（或为压缩文件 fq. gz）格式文件进行保存。

首先了解数据内容，进入数据存放的位置 E：\ bac。查看 Miseq PE 2×300 测序平台输出的 9 个 SRA 文件经格式转换生成的 18 个 FASTQ 文件，由于采用双端测序，每个样本有两个文件，即一个正向序列文件和一个反向序列文件。以 sample 1 为例，sample 1. 1. fastq 是正向测序数据，sample 1. 2. fastq 是反向测序数据。

💡 知识拓展 ....

① FASTQ 是基于文本的，保存生物序列（核酸序列或蛋白序列）和其测序质量信息的标准格式，后缀名通常为 . fastq 或者 . fq，其中 q 代表 quality（质量）。目前 Illumina、BGISEQ、Ion Torrent、pacbio 和 nanopore 测序都以 FASTQ 格式存储测序数据，其中 Illumina 和 BGISEQ 一般是双端测序，是一对文件，命名为 * _ R1. fq. gz 与 * _ R2. fq. gz。

② FASTA 格式又称 Pearson 格式，是一种基于文本的，用于存储核酸序列或多肽序列的文件格式，核酸或氨基酸均以单个字母来表示，且允许在序列前添加序

列名称及注释。FASTA 格式已成为生物信息学领域的一项标准，是 Blast 工具常用的组织数据的基本格式。与 FASTQ 不相同的是，它不包括序列中每个单元所对应的质量分数。

③ 单端测序（single-end）。首先将 DNA 样本进行片段化处理，形成 200～500bp 的序列片段，引物序列连接到 DNA 片段的一端，然后末端加上接头，将片段固定在流动池（flow cell）上生成 DNA 簇，上机测序单端读取序列。单端测序建库简单，操作步骤少，常用于小基因组、转录组和宏基因组测序。测序的质量会随着测序的进行而下降，所以 reads 末端碱基质量越来越差，由此就引入了双端测序，可以大大提高测序的准确率。

④ 双端测序（paired-end）。通过构建 paired-end 文库，指在构建待测 DNA 文库时在两端的接头上都加上测序引物结合位点，在第一轮测序完成后，去除第一轮测序的模板链，用双端测序模块引导互补链在原位置再生和扩增，以达到第二轮测序所需模板量，进行第二轮互补链的合成测序。

1.3 文件内容

（1）使用软件 notepad＋＋可以查看 FASTQ 文件内容。访问官网主页的 Download 板块，选择合适版本下载并安装。本节选择 64-bit X64 版本演示。

（2）安装完成之后使用 notepad＋＋打开样本 sample1.1.fastq，图 1-7 中截取了前两条序列的一些信息，可以观察到一条序列的信息有四行内容。

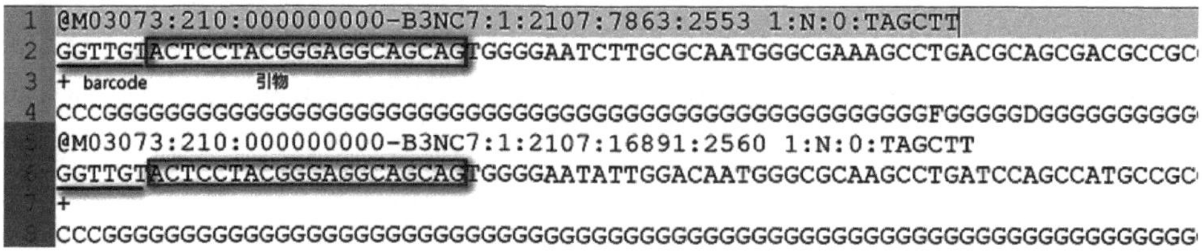

图 1-7　sample1.1.fastq 文件内容

（3）打开 sample1.2.fastq 测序文件，比较双端测序样本的正向序列和反向序列有什么不同；再打开 sample2.1.fastq 文件，比较不同样本正向测序序列文件有什么不同。

不难发现，任意一端样本数据都使用唯一的 Barcode 拆分好，如 sample1.1.fastq 样本使用 GGTTGT，sample1.2.fastq 样本使用 CGATGT，sample2.1.fastq 样本使用 GTACTT。通过引物区分测序方向，如正向测序数据使用

ACTCCTACGGGAGGCAGCAG，反向测序数据使用 GGACTACAAGGGTT
TCTAAT。

知识拓展

扩增子结构说明见图 1-8。

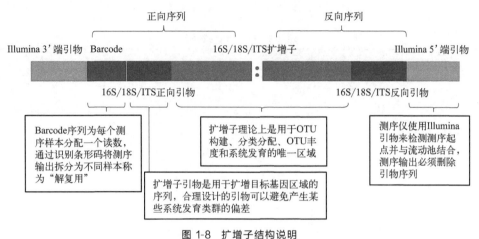

图 1-8　扩增子结构说明

① Index：索引，标志。Index 是接头的一个组成部分，为了识别测序序列文库来源而设计的短序列。单次高通量测序过程可以完成数百万甚至数亿的测序反应，如此大的数据量往往是几十甚至几百个样本混合共同产生的，Index 的作用就是把每条测序数据还原分类到其来源文库。

② Barcode：通常的测序仪下机数据，只根据 Index 拆分成来自不同文库的数据文件，分发给用户。然而，扩增子的一个文库可能包括几十个样品，还需要根据每个样品上标记的特异 Barcode 区分。Barcode 是一段与样本一一对应的短序列，像超市货物条形码一样用于区分每个商品。将下机测序数据按照 Barcode 拆分好样本，每个测序序列片段都放在与样本对应的 FASTQ 文件里。

③ Primer：正向（或反向）引物是用 16S 扩增与建库的引物序列。根据目标扩增区域选择特定的扩增引物，在测序技术中起到测序定位的作用。

1.3.1　FASTQ 存储格式特点

以 sample1.1.fastq 的第一条序列为例，介绍 FASTQ 格式文件内容。

（1）第一行：Illumina sequence identifier 序列标识和相关的描述信息（图 1-9）。以 "@" 字符开头，后面跟测序仪的编号和其他描述信息（表 1-4）。

图 1-9 第一行信息内容

表 1-4 第一行参数解析

名称	含义
M03073	测序仪设备编号
210	运行 id
B3NC7	流动池 id
1	流动槽泳道号
2107	泳道区块号
7863	区块上 x 坐标
2553	区块上 y 坐标
1	双端序列中的第一条
N	若序列被过滤为 Y,否则为 N
0	当任何控制位是关闭状态时为 0,否则为偶数
TAGCTT	Index 序列

（2）第二行：Illumina sequence 序列本身。

（3）第三行：Quality score identifier line（consisting of a "＋"）以 "＋" 开头（不可省略），后面是序列标识、描述信息，或者什么也不加。

（4）第四行：Quality score 序列质量信息，与序列一一对应，每一个碱基都有一个质量评分。ASCII 码对应第二行每个碱基的质量信息（Sanger/Illumina 1.9 对应 phred33）。

1.3.2 碱基质量

碱基质量值（quality score 或 Q-score，Q 值）是碱基识别（base calling）出错概率的整数映射。对于每个碱基的质量编码标识，不同的软件采用不同的方案，具体情况如表 1-5 所示。

表 1-5 常见质量编码表

质量方案	计算方式	取值范围
Sanger	Phred＋33	0～40
Solexa	Solexa＋64	−5～40

质量方案	计算方式	取值范围
Illumina 1.3+	Phred+64	0~40
Illumina 1.5+	Phred+64	3~40
Illumina 1.8+	Phred+64	0~41

由于测序仪器型号、数据储存格式等因素，碱基质量的表示方式也不相同。在 FASTQ 格式文件中，用 ASCII 码来表示每个碱基的测序质量。碱基质量值（Q 值）指的是一个碱基的错误概率的对数值，ASCII 字符如表 1-6 所示。

表 1-6 ASCII 字符表（部分）

符号	ASCII 值	Q 值	符号	ASCII 值	Q 值	符号	ASCII 值	Q 值
!	33	0	/	47	14	=	61	28
"	34	1	0	48	15	>	62	29
#	35	2	1	49	16	?	63	30
$	36	3	2	50	17	@	64	31
%	37	4	3	51	18	A	65	32
&	38	5	4	52	19	B	66	33
'	39	6	5	53	20	C	67	34
(	40	7	6	54	21	D	68	35
)	41	8	7	55	22	E	69	36
*	42	9	8	56	23	F	70	37
+	43	10	9	57	24	G	71	38
,	44	11	:	58	25	H	72	39
—	45	12	;	59	26	I	73	40
.	46	13	<	60	27	...	...	...

碱基质量最初在 Phred 拼接软件中定义与使用，之后在许多软件中被使用。换算公式为：$Q = -10\lg P$，碱基质量值 Q 与错误率 P 的关系如表 1-7 所示。

表 1-7 碱基质量值与错误率的对应表

碱基质量值（Q Phred 值）	错误率（P）	准确率（$1-P$）
10	1 in 10	90%
20	1 in 100	99%
30	1 in 1000	99.9%
40	1 in 10000	99.99%
50	1 in 100000	99.999%

提示：碱基质量值越高表明碱基识别越可靠，碱基被测错的可能性越小。理论上，Q20 代表碱基的正确判别率是 99%，错误率为 1%，对于整个数据来说，可以

理解为平均每 100 个碱基里有 1 个碱基是错误的；Q30 代表碱基的正确判别率是99.9%；Q40 代表碱基的正确判别率是 99.99%。假设某个位置碱基的质量符号为C，查表得知 ASCII 码为 67，对应的 Q 为 34，根据公式 $Q=-10\lg P$，预测该碱基的错误率 $P=0.0398\%$。

1.4 质量评估

二代高通量测序仪可以一次性获取数万条序列，相当于数据分析的实验材料。在分析序列之前，必须对序列质量进行一系列的评估与控制，以确保后续分析获得的生物学结果科学可靠。大多数测序仪生成的质控报告通常只专注于识别由测序仪本身产生的问题，而 FastQC 旨在评估源自测序仪和起始文库材料的问题。FastQC有两种运行模式，既可以作为独立的交互式应用程序运行分析少量 FASTQ 文件，也可以以命令终端模式运行处理大数据集。本次分析基于第一种运行模式进行数据质量评估。

1.4.1 评估方法

FastQC 是一款基于 Java 语言设计的开源软件，一般在 Linux 环境下使用命令行执行程序，其支持多线程地对测序数据进行质量评估，还能实现质量评估结果可视化。FastQC 输出的评估报告以超文本标记语言文档（＊.html）保存，使用浏览器可查看图表化的 FastQC 报告。

访问官网的下载模块下载 FastQC，根据链接下载并按照指示安装。软件信息可以查看 "README,"安装说明查看 "Installation and setup instructions。"

（1）首先下载对应的软件包，点击下载模块中的 FastQC v0.11.9（Win/Linux zip file）。

（2）下载后解压缩，查看文件夹的内容；找到并双击 "run_fastqc.bat" 运行程序，弹出软件窗口说明可以正常运行；若双击后无反应或者出现闪退情况，需要下载 Java 安装包并安装在 C 盘。

（3）点击 "Help" ＞ "Contents…"，可以查看 FastQC 的软件简介、基本操作和分析结果等详细信息。

（4）点击 "File" ＞ "Open…"，选择要分析的序列文件 sample1.1.fastq；点击文件夹和文件，选择需要分析的数据，点击打开，进入了 FastQC 的分析界面，稍等片刻就可以查看分析结果（图 1-10）。

（5）保存报告 点击 "File" ＞ "Save report…"，选择要存放的位置并保存后

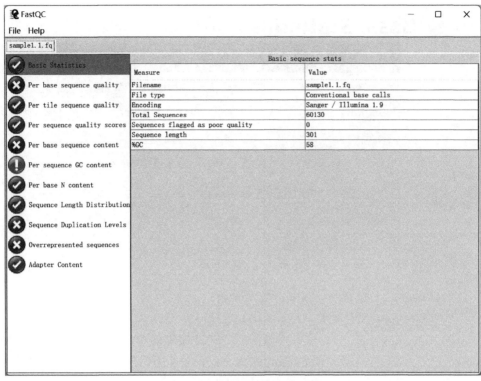

图 1-10 FastQC 运行分析结果

即可查看保存的后缀为 .html 和 .zip 的结果文件（图 1-11）。

🗋 sample1.1.fastq	FASTQ 文件	39,652 KB
🌐 sample1.1_fastqc	Microsoft Edge HT...	862 KB
🗜 sample1.1_fastqc	压缩(zipped)文件夹	708 KB

图 1-11　sample1.1 的 FastQC 结果

1.4.2　分析结果

FastQC 处理原始序列文件生成一份 html 格式的质量评估报告，整个报告分为多个部分，合格会有绿色的"√"（完全正常），警告是橙色的"!"（略有异常），不合格则为红色的"×"（异常）。本节按照顺序详细说明各部分的评估结果。

1.4.2.1　基本信息

对所分析的 FASTQ 文件进行信息统计，此模块从不提示警告或错误（图 1-12）。

✓ Basic Statistics

Measure	Value
Filename	sample1.1.fastq
File type	Conventional base calls
Encoding	Sanger / Illumina 1.9
Total Sequences	60130
Sequences flagged as poor quality	0
Sequence length	301
%GC	58

图 1-12　基本信息

（1）Filename：文件名，sample1.1.fastq。

（2）File type：文件类型，Conventional base calls。

（3）Encoding：FASTQ 文件质量值的 ASCII 编码格式，用以推断测序平台的版本和相应的编码版本号，例如 sample1.1.fastq 文件的测序平台和编码版本号为 Sanger/Illumina1.9。

（4）Total Sequences：sample1.1.fastq 文件包含的序列总数量为 60130 条。

（5）Sequences flagged as poor quality：低质量序列，0 条。被标记为低质量的序列将要被过滤（删除），Total Sequences 不包括这些过滤掉的序列。

（6）Sequence length：序列长度，提供最短和最长序列的长度。如果所有序列的长度相同，则只报告一个值，可见 sample1.1.fastq 文件中序列长度均为 301bp。

（7）%GC：GC 碱基占总体碱基的比例，这个数值一般是一个物种特有的，比如人类细胞 GC 含量约为 42%。

1.4.2.2　碱基质量分布

此模块提供了 FASTQ 文件中每个位置的所有碱基的质量值范围的概览。大多数平台上的测序质量会随着测序读长增长而下降，导致序列尾端的碱基质量落入橙色区域和红色区域（图 1-13）。

（1）此图中的横轴是测序序列第 1 个碱基到第 301 个碱基。

（2）纵轴是碱基质量值，$Q = -10\lg P(\text{error } P)$，即 20 表示 1% 错误率，30 表示 0.1% 错误率。

（3）图中箱线图是指所有序列在该位置上的碱基质量分布统计，中心红线是中

⊗ Per base sequence quality

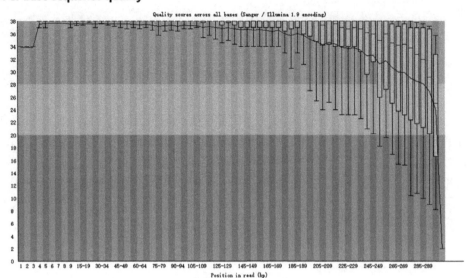

图 1-13　序列测序质量统计

值，黄色框代表下 25%—上 75% 四分位数范围，上下虚线分别代表 90% 和 10% 分位数。

（4）图中蓝色的细线是各个位置的平均值的连线，图表上的 y 轴代表质量分数。分数越高，碱基质量越好。图表的背景将 y 轴分为质量优良的绿色区域、质量合格的橙色区域和质量不合格的红色区域。尾部落入了红色区域说明数据质量变差。

（5）通常情况下，要求所有碱基位置的下虚线 10% 分位数大于 20，即常说的 Q20 过滤。因此，考虑把上述序列数据的 249bp 位置以后的碱基切除，从而保证碱基质量的可靠性；在生物信息学分析中，如以检测差异表达为目的的 RNA-seq 分析，一般要求碱基质量在 Q20 以上。然而，以检测突变为目的的数据分析一般要求碱基质量在 Q30 以上。

（6）如果任一碱基质量低于 10 或者任何中位数低于 25，将引发 Warning 报警。

（7）如果任一碱基质量低于 5 或者任何中位数低于 20，将引发 Failure 报错。

💡 知识拓展

Ilumnina 测序平台的测序质量分数的分布有两个特点：

① 测序质量分数会随着测序的进行而降低。这是由于在测序过程中，DNA 链不断地从 5′ 端一直向 3′ 端合成并延伸。但在合成的过程中随着 DNA 链的增长，

DNA 聚合酶的效率会不断下降,特异性也开始变差,这就会使得越往后碱基合成的错误率越高。

② 有时每条序列前几个碱基的位置测序错误率较高,质量值相对较低。这是由于测序反应刚开始,系统还不够稳定导致的。

1.4.2.3 每条序列的质量

图 1-14 可以查看序列子集是否具有普遍的低质量值,颜色的深浅代表测序质量的高低,可见开始位置的测序质量都较好。如果序列子集的质量普遍较差,通常是因为它们成像不佳(在视野边缘等),但是这些序列应当只占总序列的一小部分。如果大部分序列总体质量较低,或分析文件是未记录质量分数的 BAM/SAM 文件,又或是未使用保留原始序列标识符的 Illumina 库,将不会显示此模块的结果。

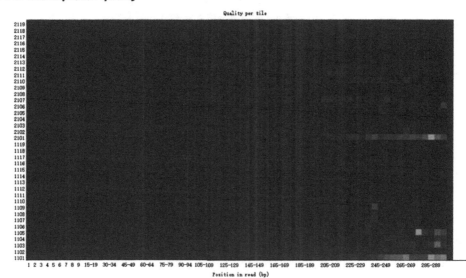

图 1-14 每个 tile 的序列质量

(1) tile:每一次测序荧光扫描的最小单位。

(2) 横轴代表序列碱基的位置;纵轴是 Index 编号。

(3) 图中显示了每个泳道与平均质量的偏差。颜色由深到浅,深色是该 tile 运行中的质量达到或高于平均水平,而浅色则表明该碱基质量比其他位置差。图 1-14 中,可以看到某些 tile 显示出持续较差的质量,但大部分均为蓝色,也能证明测序结果良好。

1.4.2.4　序列平均质量分布

通过序列的平均质量报告可以判断是否存在整条序列的碱基质量普遍过低的情况（图 1-15）。一般来说，当平均碱基质量值大于 30 的序列占 85％以上时，可以判断序列质量较好。如果曲线在质量较低的位置出现一个或多个峰，说明测序数据中有一部分序列质量较差，需要将其过滤掉。

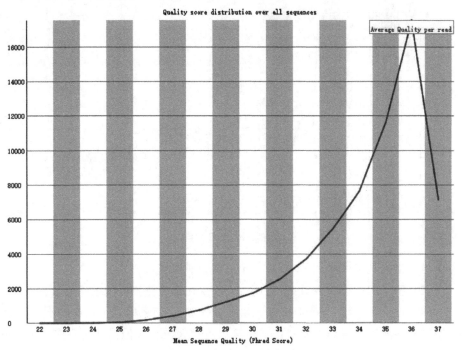

图 1-15　每条序列的测序质量统计

（1）每条序列长度都为 301bp，那么这 301 个碱基的 Q 值的平均值就是这条 reads 的质量值。

（2）该图横轴表示 Q 值的范围是 22～37。

（3）纵轴是每个 Q 值对应的 reads 数目。

（4）示例数据中，测序结果 Q 值主要集中在 36，证明序列质量良好。

1.4.2.5　碱基含量分布

一个完全随机的文库内每个位置上 A-T 碱基比例应该相同，C-G 碱基亦然，因此图 1-16 中的 4 条线应该相互平行且接近。在 reads 开头出现碱基组成偏离往往是建库操作不稳定造成的；在 reads 结尾出现的碱基组成偏离往往是测序接头污染造成的。如果任何一个位置上的 A 和 T 之间或 G 和 C 之间的比例相差 10％以上则报"警告"，任何一个位置上的 A 和 T 之间或 G 和 C 之间的比例相差 20％以上则报"不合格"。

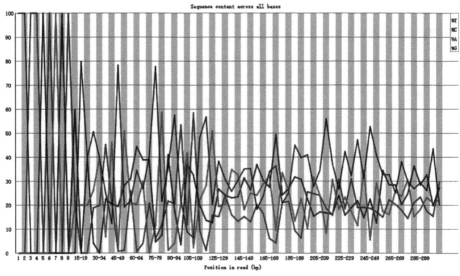

图 1-16　GC 含量统计

（1）横轴是测序序列的 1～301 个碱基，纵轴是碱基百分比。

（2）图中四条线代表碱基 A、T、C、G 在每个位置区间的平均含量。

（3）理论上来说，A 和 T 应该相等，G 和 C 应该相等。一般情况下，测序刚开始的时候测序仪状态不稳定，前段会出现较大波动。但是，稳定之后，4 种碱基应该对应 4 条平稳的直线，示例数据一直在波动，说明测序数据的碱基含量分布存在一定问题。

1.4.2.6　GC 含量分布

在一个正常的随机文库中，GC 含量的分布应该接近正态分布，且峰值中心和所测基因组的 GC 含量一致。如果不是正态分布，出现两个或多个峰值，表明测序数据中可能有其他生物来源的 DNA 污染，或者有接头序列的二聚体污染，这种情况需要进一步确认污染序列来源并清除污染（图 1-17）。

（1）横轴是 GC 含量范围，纵轴是每条序列 GC 含量对应的数量。

（2）蓝线是程序根据经验分布给出的理论曲线，红线是真实曲线，两条线应该接近才比较好。由图可知，两条线差异较小，说明 GC 含量分布正常。

!Per sequence GC content

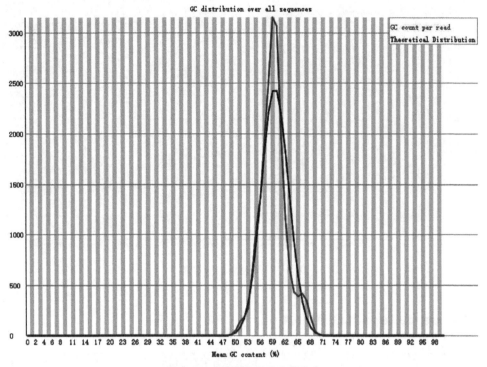

图 1-17 序列平均 GC 含量分布

（3）如果红线出现双峰，大概率是混入了其他物种的 DNA 序列。

1.4.2.7 每个位置不明碱基 N 含量

如果测序仪不能完全识别确定某碱基的种类，通常会将其替换为不明碱基 N。图 1-18 绘制出所有序列在每个位置（区间）的 N 的含量，表明所有序列的不明碱基含量均为 0 或无限接近 0。

1.4.2.8 序列长度分布

不同高通量测序平台会生成长度一致或不一致的序列片段。该模块生成一个图表（图 1-19），显示所分析文件中序列片段大小的分布，示例数据分析显示所有序列长度均为 301bp。

1.4.2.9 重复序列

一般来说，文库中存在两种潜在的重复类型，一种是 PCR（聚合酶链式反应）

✅Per base N content

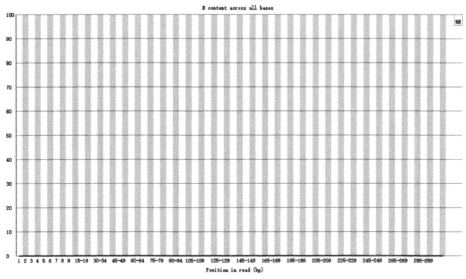

图 1-18　不明碱基 N 含量

✅Sequence Length Distribution

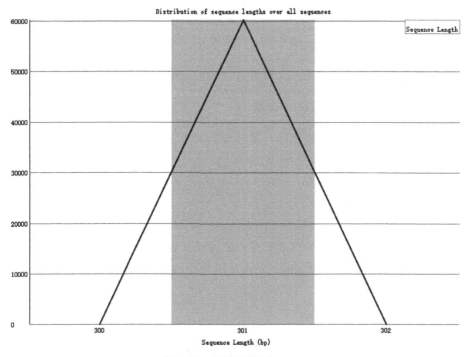

图 1-19　序列长度分布

过程产生的技术重复，另一种是自然碰撞的生物重复。软件无法区分这两种类型，在这里都将报告为重复。在一个多样化的数据集中，大多数序列在数据集中只会出现一次。低水平的重复可能表明目标序列的覆盖率非常高，但高水平的重复更有可能表明某种富集偏差（例如 PCR 过度扩增）。该模块计算文库中每个序列的重复度，并创建一个图表（图 1-20），显示不同重复度序列的相对数量。

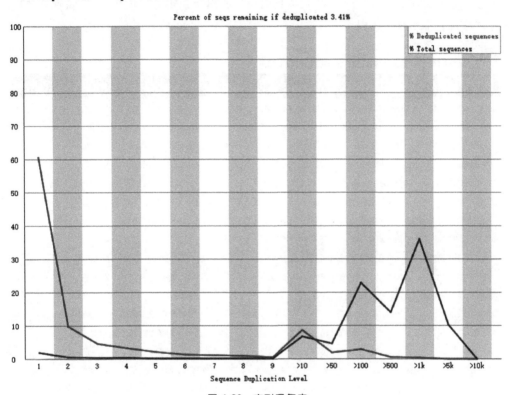

图 1-20　序列重复度

　　红线表示去重复后的序列占比，蓝线代表总序列。一个多样性比较好的文库，大多数序列应该在红线和蓝线的最左侧。重复子集富集或低复杂性污染物的存在往往会导致蓝线右侧产生高重复尖峰，因为它们在原始库中占很大比例，但通常会在红线中消失，因为它们在去重复数据集中所占比例很小。如果蓝色迹线中持续存在峰值，则表明存在大量不同的高度重复序列，这意味着可能存在污染子集或非常严重的技术重复。图 1-20 数据显示的蓝线存在持续峰值，表明可能存在生物污染或非常严重的技术重复。

1.4.2.10　过度表达序列

一个正常的高通量文库将包含一组不同的序列，单个序列在数据集中的代表性过高意味着它具有高度的生物学意义，或者表明文库被污染。该模块列出了占序列总数 0.1% 以上的所有序列。对于每个过度表达的序列，程序将在常见污染物的数据库中寻找匹配，并报告找到的最佳匹配。代表序列长度至少为 20bp，并且不匹配数不超过 1 个。如果发现任何序列占总数的 0.1% 以上，此模块将发出警告。如果发现任何序列占总数的 1% 以上，此模块将发出错误报告。图 1-21 表明示例数据存在序列占总数的 1% 以上。

ⓧ Overrepresented sequences

Sequence	Count	Percentage	Possible Source
GGTTGTACTCCTACGGGAGGCAGCAGTGGGGAATCTTGCGCAATGGGCGA	6135	10.202893730251123	No Hit
GGTTGTACTCCTACGGGAGGCAGCAGTGGGGAATATTGGACAATGGGCGC	3982	6.622318310327624	No Hit
GGTTGTACTCCTACGGGAGGCAGCAGTGGGGAATCTTGCGCAATGCGCGA	3499	5.819058706136704	No Hit
GGTTGTACTCCTACGGGAGGCAGCAGTGGGGAATTGTTCGCAATGGGCGC	2887	4.801263928155663	No Hit
GGTTGTACTCCTACGGGAGGCAGCAGTCGGGAATTTTTGGGCAATGGGCGA	2365	3.933144852818892	No Hit
GGTTGTACTCCTACGGGAGGCAGCAGTGGGGAATATTGGACAATGGGCGA	1858	3.089971727922834	No Hit
GGTTGTACTCCTACGGGAGGCAGCAGTGGGGAATATTGCGCAATGGGCGA	1587	2.6392815566273073	No Hit
GGTTGTACTCCTACGGGAGGCAGCAGTAGGGAATCTTGCGCAATGGGCGA	1580	2.627640113088309	No Hit
GGTTGTACTCCTACGGGAGGCAGCAGTGGGGAATATTGCACAATGGGCGC	1566	2.6043572260110311	No Hit
GGTTGTACTCCTACGGGAGGCAGCAGTCGGGAATCTTGCGCAATGGGCGA	1227	2.0405787460502247	No Hit
GGTTGTACTCCTACGGGAGGCAGCAGTGGGGAATATTGCACAATGGGCGA	1163	1.93414269083365207	No Hit
GGTTGTACTCCTACGGGAGGCAGCAGTGGGGAATATTGGACAATGGGGGA	980	1.629802095459837	No Hit
GGTTGTACTCCTACGGGAGGCAGCAGTGGGGAATATTGCACAATGGGCGG	954	1.58656244802927	No Hit
GGTTGTACTCCTACGGGAGGCAGCAGTGGGGAATTTTGGACAATGGGCGC	875	1.4551804423748544	No Hit
GGTTGTACTCCTACGGGAGGCAGCAGTGGGGAATTTTGCGCAATGGGCGA	804	1.337102943622152	No Hit
GGTTGTACTCCTACGGGAGGCAGCAGTGGGGAATATTGCGCAATGGACGA	762	1.267254282388159	No Hit
GGTTGTACTCCTACGGGAGGCAGCAGTGGGGAATATTGGACAATGGGGGC	716	1.1907533677033095	No Hit
GGTTGTACTCCTACGGGAGGCAGCAGCAACGAATCTTCCGCAATGGGGGC	620	1.031099284882754	No Hit
GGTTGTACTCCTACGGGAGGCAGCAGTAAGGAATATTGGTCAATGGACGC	589	0.9795443206386163	No Hit
GGTTGTACTCCTACGGGAGGCAGCAGTGGGGAATTTTCGCGCAATGGGCGA	585	0.9728920671877599	No Hit
GGTTGTACTCCTACGGGAGGCAGCAGTGGGGAATTTTGGACAATGGGGGC	572	0.9512722434724763	No Hit
GGTTGTACTCCTACGGGAGGCAGCAGTGGGGAATCTTGCACAATGGGGGA	532	0.8847497089639115	No Hit
GGTTGTACTCCTACGGGAGGCAGCAGTGGGGAATCTTGCGCAATGCCGA	501	0.8331947447197738	No Hit
GGTTGTACTCCTACGGGAGGCAGCAGTGGGGAATATTGCGCAATGGGCGG	481	0.7999334774654915	No Hit
GGTTGTACTCCTACGGGAGGCAGCAGTTAGGAATTTTGGGCAATGGGCGA	479	0.7966073507400633	No Hit

图 1-21　过表达序列

1.4.2.11　接头含量

Adapter 接头通常是一段核苷酸序列。为了测序的需要，通常需人为地在目标 DNA 片段两端加上接头、标签（index、barcode 等）、引物等核苷酸序列。

图 1-22 显示了在每个位置搜索到接头序列的文库比例的累积百分比计数。接头读长的百分比随着读长长度的增加而增加，因为一旦在读取中检测到接头序列，就假定它一直存在到读长的末尾。如果任何序列存在于所有读取的 5% 以上，此模块将发出警告。如果任何序列存在于所有读取的 10% 以上，此模块将发出异常（FAIL）报告。图 1-22 表示不存在任何序列占所有读取的 5% 以上。

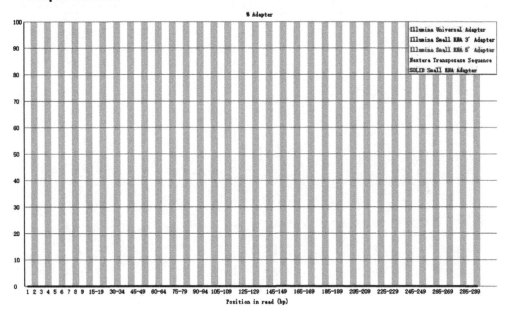

图 1-22　接头含量

1.4.3　总体样本质量

使用 FastQC 评估完所有的样本质量后，可以查看各个报告中样本序列长度、reads 数目、质量和接头情况等，为了方便查看每个样本的总体情况，在已获得 fastqc_report 的基础上，使用 MultiQC 对分析报告进行汇总。

＃ 安装 MultiQC

pip install multiqc 或 conda install-c bioconda multiqc

＃将 1.4.1 中下载的 FastQC 文件夹复制粘贴至共享文件夹，输入/home/

qiime2/share/FastQC/fastqc /home/qiime2/share/SRA-FASTQ/sample＊.fastq

♯ 使用 MultiQC 对进行汇总，输入命令 multiqc /home/qiime2/share/SRA-FASTQ-o/home/qiime2/share/SRA-FASTQ/multiqc_result

从 MultiQC 报告中截取了两个模块查看数据整体的情况，General Statistics（一般统计）模块统计了 9 个双端样本各自的重复 reads 的比例、GC 含量占总碱基的比例、测序长度和总测序量（单位：$\times 10^6$），从表 1-8 中可以看出样本整体的重复序列比较多，都在 90％以上；GC 含量范围在 57％～59％之间；测序长度均为 301bp。

表 1-8　一般统计

样品名称	重复比例 /％	GC 含量 /％	测序长度 /bp	总测序量 /$\times 10^6$
sample1.1	96.60	58	301	0.1
sample1.2	91.40	59	301	0.1
sample2.1	96.60	58	301	0.1
sample2.2	91.50	59	301	0.1
sample3.1	97.10	59	301	0.1
sample3.2	92.10	59	301	0.1
sample4.1	97.10	57	301	0.1
sample4.2	92.60	58	301	0.1
sample5.1	96.60	57	301	0.1
sample5.2	91.20	58	301	0.1
sample6.1	96.90	57	301	0.1
sample6.2	91.80	58	301	0.1
sample7.1	97.00	58	301	0.1
sample7.2	91.80	58	301	0.1
sample8.1	97.10	58	301	0.1
sample8.2	92.20	58	301	0.1
sample9.1	97.10	57	301	0.1
sample9.2	92.30	58	301	0.1

图 1-23 显示了整体序列的质量分数分布情况，绿色区域代表数据质量情况很好，橙色区域代表数据质量合格，红色区域代表数据质量较差；图中的大部分序列的碱基质量值在 31 之后，落在绿色区域里，表示测序数据质量情况较好。

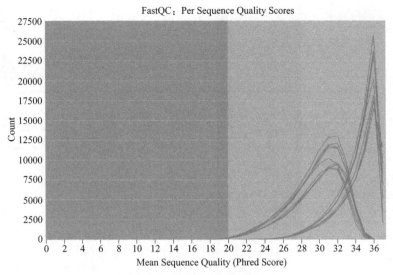

图 1-23　每个序列碱基质量值

第**2**章

扩增子高通量数据分析

　　随着高通量测序技术（high-throughput sequencing，HTS）的发展，微生物组领域的研究内容日益广泛，其中扩增子测序技术以其操作便捷、成本低等特点备受相关研究者青睐。自从完整基因组测序成为可能以来，从很长的核苷酸序列中获取生物学含义成为生物学者们研究的一个关键问题。处理高通量测序产生的海量数据，唯一途径是使用连续的流水线快速注释；原始序列数据从一端读入，用一个或多个程序对基因序列进行拼接、检查、注释，然后把结果进行图形可视化。目前扩增子测序数据分析的主要流程包括数据预处理（双端序列合并或拼接、数据质控和嵌合体去除）、OTU/ASV 序列聚类、Alpha 多样性分析、Beta 多样性分析、群落结构分析和功能预测等。研究人员基于各种算法开发出了许多软件，可见分析流程并不是一成不变的。分析者应该学会结合研究目的与测序数据情况选择合适的分析方法，然而非专业分析人员较难通过生物信息学分析的方法从数据中挖掘出有用的信息，因此本章将对分析平台、构建特征表和物种注释的分析流程进行详细介绍。

2.1 分析平台

　　微生物组学研究往往涉及大型生物数据集分析，高效准确的数据分析为研究时效性提供了重要保障。基于此，生物信息研究者开发了一系列的分析算法和插件，但大多数都是基于某个具体过程。例如，序列合并或拼接有 FLASH、SeqPrep 和 PEAR 等算法；OTU 聚类有 CD-HIT、DBHUCLUST、ESPRIT 等算法；嵌合体去除有 UCHIME、DECIPHER 和 ChimeraSlayer 等算法。对于生信分析入门者而言，或许更需要能够直接从原始数据开始分析直到获得最终可用结果的分析软件。显然，具备完整分析流程的平台更受欢迎，扩增子分析平台应运而生。

2.1.1 平台介绍

目前主流的扩增子分析平台有 Mothur（2009）、USEARCH（2010）、VSEARCH（2016）、DADA2（2016）和 QIIME2（2019）。这些平台各有优势，QIIME2 通过集成封装大量分析插件，能够一次性解决分析程序与环境配置问题，具有分析流程可重复和插件可扩展等特性，使其成为众多扩增子分析平台中的佼佼者。USEARCH 软件凭借体系小巧、功能完备和算法优异等特点，成为了扩增子分析界中短小精悍的代名词。本节按照软件发布的时间顺序为读者详细介绍 5 个主流分析平台（图 2-1）。

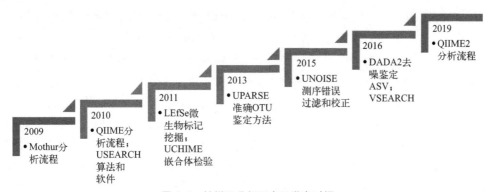

图 2-1　扩增子分析平台及发布时间

2.1.1.1　Mothur

Mothur 是由美国密歇根大学的 Patrick D. Schloss 教授团队在 2009 年发布的首套较为完整的扩增子分析流程。Mothur 整合了 dotur、sons、treeclimber、s-libshuff、unifrac 等功能，可用于形成 OTU/ASV，计算生物多样性指数，让广大研究者开展扩增子分析成为可能。该软件可以在 Windows 和 Linux 系统运行。根据谷歌学术的统计数据，Mothur 软件从 2009 年发表到 2022 年 3 月已经被引用了 16850 次。

2.1.1.2　USEARCH

物理学背景的生物信息学家、独立研究员 Robert Edgar 在本领域开发了一系列经典的算法和软件，如高速序列比对软件 USEARCH、嵌合体检测软件 UCHIME、OTU 代表性序列鉴定算法 UPARSE、测序数据错误过滤和去噪算法 UNOISE 等。这些算法和软件的推出，极大地提高了扩增子数据分析的速度和准确度。基于上述算法和软件，Robert 逐渐将 USEARCH 发展成为包括近 200 种命令的完整扩增子分析平台，而且其具有体积小巧、无依赖关系和容易安装等优点。在序列搜索、聚类、去重和去嵌合体等步骤的准确度和效率上显著高于 Mothur 与 QIIME（quantitative insights into microbial ecology）等软件。除了高通量数据处理外，还提供了 Alpha 多样性分析和 Beta 多样性分析，功能非常全面。作者提供了 32 位的免费版本和 64 位的收费版本，由于免费的版本在使用时有内存限制（Windows 下 2GB），可能无法有效处理多样品。USEARCH 软件可以在 Windows 和 Linux 系统下运行。根据谷歌学术的统计数据，USEARCH 软件从 2010 年发表到 2022 年 3 月已经被引用了 16638 次。

2.1.1.3 VSEARCH

VSEARCH 是一个开源免费的 64 位，无内存限制的扩增子数据处理分析软件，是专门对标 USEARCH 软件而设计开发的免费替代版（Rognes，2016）。VSEARCH 一直在持续更新，可在 Linux 和 Windows 系统下运行，易于安装。该软件与 USEARCH 非常类似，能够无差别地实现 USEARCH 的绝大部分功能。VSEARCH 支持无参（de novo）和有参（closed reference）嵌合体检测、聚类、去重和再复制、双序列比对、查找、排序，也支持 FASTQ 文件分析、过滤、转换和双端序列合并等多项功能，与 USEARCH 一样快、一样准确甚至更准确。根据谷歌学术的统计数据，VSEARCH 软件从 2016 年发表到 2022 年 3 月已经被引用了 4172 次。

2.1.1.4 DADA2

DADA2（divisive amplicon denoising algorithm 2）是一个用于建模、修正 Illumina 和 Roche 454 测序扩增子错误的开源 R 软件包，可以进行过滤、去冗余、嵌合体过滤、双端序列拼接与构建 ASV 丰度表等流程。在扩增子分析处理流程中，DADA2 算法能够准确地推断样本序列并寻找出单个核苷酸的差异，往往能够比其他方法识别出更多真实变体和输出更少的虚假序列。在官方网页中可以获取开源代码与相关文章。根据谷歌学术的统计数据，DADA2 软件从 2016 年发表到 2022 年 3 月已经被引用了 8847 次。

2.1.1.5 QIIME2

Gregory J. Caporaso 教授自 2016 年起发起了基于 Python3 语言从头编写的 QIIME2 项目。QIIME2 是一个开源项目，整合了 200 多款相关软件和程序包，实现了每个步骤更多软件和方法的选择；推出了一系列新算法，如基于进化距离的快速算法条型（Striped）UniFrac、物种分类新方法 q2-feature-classifier 等；更重要的是，软件的可扩展性得到了同际同行的广泛支持，如接头和引物序列去除工具

cutadapt、序列质量控制 R 包 DADA2、聚类和去冗余的软件 VSEARCH、纵向和成对样本分析工具 longitudinal 等。根据谷歌学术的统计数据，QIIME2 软件从 2019 年发表到 2022 年 3 月已经被引用了 4620 次。

2.1.2　平台搭建

QIIME2 软件可在 Linux 或 Mac 系统中运行，支持从头到尾的完整微生物组分析流程。可以应对不同类型数据和实验设计，实现每个步骤拥有更多的软件支持和方法选择，能够实现多样性、物种组成、差异比较和网络等众多分析方法；可以直接获取出版级的统计和图片结果。至 2019 年发布以来引用已经 4000 多次，软件运行稳定，一直在持续更新，是扩增子数据分析工作者的好助手。因此下文选用 QIIME2 平台对案例数据进行分析。

QIIME2 当前不能在 Windows 环境下运行，Linux 服务器上推荐使用 Conda 安装，Windows 笔记本上使用 VirtualBox 虚拟机安装。VirutalBox 是一款强大的虚拟机，可以在 Windows/Linux/Mac 系统运行，并加载运行系统镜像。具体使用哪种安装方法要依据自己的环境选择。虚拟机效率较低，一般无法运行大数据，建议只用于入门学习或开展 100 个样品以内的小数据分析项目。电脑运行内存推荐 16G＋，QIIME2 挂载的位置至少需要约 25GB 硬盘空间。接下来以 QIIME2-2022.2 的版本安装为例进行详细描述。

2.1.2.1　软件下载

Oracle VM VirtualBox 是一个跨平台的虚拟化应用程序。这款应用看似简单，但功能却非常强大。首先，它可以安装在基于 Intel 或 AMD 的计算机上，无论计算机运行的是 Windows、Mac OS X、Linux 还是 Oracle Solaris（OS）操作系统。其次，它扩展了现有计算机的功能，以便它可以在多个虚拟机内同时运行多个操作系统。例如，可以在 Mac 上运行 Windows 和 Linux，在 Linux 服务器上运行 Windows Server 2016，在 Windows PC 上运行 Linux 等，所有这些运行情况都与计算机现有的应用程序一起运行。除了对磁盘空间和内存的限制外，可以安装和运行任意数量的虚拟机。

在 Windows 系统中使用虚拟机安装 QIIME2，其他环境安装在官网的 install 模块中即可查看。基于虚拟机安装的流程请参考官网指导流程。进入 QIIME2 官网点击"Learn more"（了解更多），找到"Installing QIIME2"点击进入，再点击"Installing QIIME2 using VirtualBox"（使用虚拟机安装 QIIME2），跳转到安装流程页面。第 1 部分 Install VirtualBox on your computer 下给出了虚拟机的下载安装网址，第 2 部分 Download the QIIME 2 Core VirtualBox Image 下给出了不同版本虚拟机对应的制作好的 QIIME2 镜像的下载网址，点击"VirtualBox Images"查看二者匹配情况，推荐选择与 QIIME2 镜像版本匹配的虚拟机版本。

2.1.2.2 软件安装

（1）安装虚拟机　双击下载的安装包，默认下一步即可安装成功，可以选择更改安装位置。

（2）导入镜像文件

① 直接导入。双击压缩包中的镜像文件 QIIME 2 Core -X.Y.Z（build_number）.ovf，会弹出虚拟电脑导入设置界面（图 2-2）。或者打开虚拟机＞点击导入＞选择解压后文件夹中 QIIME 2 Core-X.Y.Z(build_number).ovf 文件，出现虚拟电脑导入设置界面。

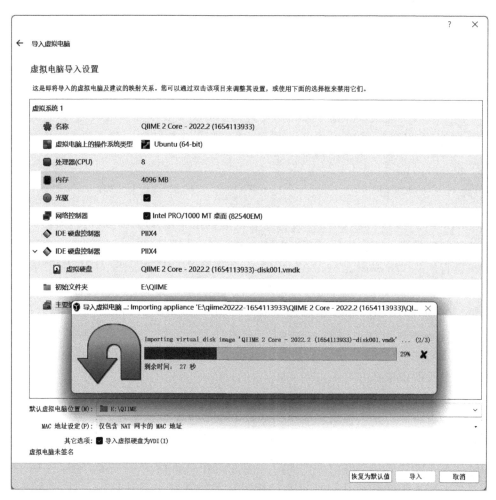

图 2-2　直接导入界面

此处需要选择 QIIME2 所占的内存和 CPU，在处理一般数据时最少需要电脑具备 4CPU 核心和 8GB 内存，虚拟机分配的运行内存越多，则虚拟机中的 QIIME2 处理数据的速度越快。本书演示所用电脑拥有 16G 内存与 8 核心 16 线程 CPU，分配给虚拟机有 4 核心 8 线程和 4096MB 内存，最高可以选到 14159MB，一般是 1024MB 的整倍数（也可以先以默认处理器和内存导入，之后再进行修改；点击导入之后，等待导入完成）。

② 新建导入。若之前已经直接导入过虚拟电脑，还想新建另一个虚拟电脑，需要点击管理器面板上的"新建"按钮，选择虚拟电脑类型与版本，调整分配的内存大小，导入已有的虚拟硬盘文件，点击"创建"，即可新建成功（图 2-3）。

图 2-3　新建导入设置

（3）QIIME2 导入成功　通过上述导入方法，Oracle VM VirtualBox 管理器界面呈现出与导入的镜像版本匹配的虚拟机条目（图 2-4），即为 QIIME2 导入成功。

图 2-4　QIIME2 导入成功

2.1.2.3　软件设置

若导入虚拟电脑完成后，需要修改分配内存与处理器数量，则要根据计算机配置和实际使用需求，进行参数的调整，注意至少为 Windows 保留 2CPU 核心和 4G 内存，但是 Windows 下尽量不要启用其他程序。右击电脑"开始"选项，选择任务管理器，在"性能"窗口下，可以查看 CPU 与内存，点击"CPU"，查看内核和逻辑处理器；点击"内存"查看电脑的运行内存。了解到计算机配置后，点击虚拟电脑管理器面板上"设置"按钮，进入设置界面，打开"系统"窗口，根据使用要求调整内存大小和处理器数目（图 2-5）。

图 2-5 系统参数设置

2.1.3 Ubuntu 系统

2.1.3.1 系统介绍

Ubuntu 是基于 Linux 开发的一种操作系统。相当于 XP、Windows 7 等与 Windows 的关系，只不过 Windows 是微软开发的；Linux 是一套免费使用和自由传播的类 Unix 操作系统，是一个基于 POSIX 和 UNIX 的多用户、多任务、支持多线程和多 CPU 的操作系统。通常应用于大型网站、核心数据库、台式机、笔记本、路由器和智能手机等平台上，基于 Linux 开发的 Android 系统在目前使用最为广泛。严格来讲，Linux 这个词本身只表示 Linux 内核，但实际上人们已经习惯了用 Linux 来形容整个基于 Linux 内核并且使用 GNU 工程的各种工具和数据库的操作系统。

启动虚拟机进入已经配置好 QIIME2 工作环境的 Ubuntu 系统，登录密码为小写字母 qiime2。

2.1.3.2 系统调整

（1）界面调整 系统默认显示窗口特别小，在上方的视图选项里进行调整，点击"视图"＞"虚拟显示屏"＞"输出自动缩放"，再点击"视图"＞"自动调整显示尺寸"，需要点击"自动调整显示尺寸"两次，界面方可铺满显示屏。

（2）安装增强功能　安装增强功能是为了鼠标在虚拟系统窗口和宿主系统之间自由出入，可以开启共享功能，方便在虚拟系统和宿主系统之间自由剪切粘贴等。点击"设备"＞"安装增强功能"＞"RUN"，输入密码 qiime2，等待一段时间，出现"Press Return to close this window..."（按任意键关闭此窗口），此时可以按一下回车键，窗口会自动关闭，在主界面出现光盘的图标，最后重启虚拟机。

（3）设置共享文件夹　共享文件夹可以实现电脑与虚拟机之间的文件共享。

① 在电脑 E 盘创建名为 qiimeshare 的文件夹。共享文件夹及其子文件夹、子文件的名称建议仅使用英文字母或数字，根据自己的需要放置共享文件夹的位置，以 E 盘为例。

② 回到虚拟机，点击设备中的共享文件夹，选择共享文件夹。点击"共享文件夹"＞"固定分配"＞点击右侧带加号文件夹＞选择共享文件夹路径（E：\qiimeshare）＞挂载点固定分配前打勾＞点击"OK"（图 2-6）。

图 2-6　添加共享文件夹

③ 在 Ubuntu 下创建 share 文件夹，打开 Terminal 执行命令 mkdir share，点

开文件管理器可以看到新增的 share 文件夹。

④ 挂载共享文件夹有两种方式：自动挂载和手动挂载，两种方式各有利弊。手动挂载 Windows 系统下 E：\ qiimeshare 文件夹与 Ubuntu 下/home/qiime2/share。使两个文件夹相通，执行命令"sudo mount -t vboxsf qiimeshare share"；提示"[sudo] password for qiime2"，即赋予 root 权限，输入"qiime2"，此时屏幕不会显示，注意不要输错，然后回车。此时，共享文件夹图标发生变化（图 2-7），或是在终端输入"ls"，显示 share 文件夹变绿色（图 2-8），挂载成功。自动挂载只要在自动挂载的选项前打钩即可，特点是比较稳定，不需要重复挂载。手动挂载需要打开 Terminal，输入代码 sudo mount -t vboxsf ＜Windows 下共享文件夹路径＞＜Linux 下新建文件路径＞，然后输入密码 qiime2，即可实现手动挂载。手动挂载可以实现虚拟机与电脑之间的文件即时更新，但是每次重新登入系统时都需要重新挂载。

图 2-7　通过文件管理器查看挂载的共享文件夹

图 2-8　命令行查看挂载的 share 共享文件夹

⑤ 共享粘贴板。设置共享粘贴板后可实现电脑和虚拟机之间文本内容的复制粘贴自由，点击"设备"＞"共享粘贴板"＞"双向"。

⑥ 检验安装版本。执行命令 qiime info 检验系统内已经安装的 QIIME2 版本和参数。

2.1.3.3 常用命令

在 Linux 下，都是通过"命令"进行操作的，命令即为执行某一个或某一组程序。前面已经使用了创建新文件夹 mkdir、挂载共享文件夹等命令，此外还有一些常用的命令需要掌握，方便日常使用。

（1）基本原则。

① 命令行永远以可执行程序开始。

② [-选项] 的方括号表示该项目是可选的，运行命令时不需要输入方括号。

③ 不同的项之间以空格分隔，命令行以回车结束并即刻执行。

④ Linux 命令是区分大小写的，即 cd 和 CD 是不同的意义。

（2）一些命令用法及常用命令（如表 2-1 所示）。

① 方向键"↑"和"↓"用于显示最近执行过的命令，"←"和"→"用于在输入命令时移动光标，对命令进行修改。

② cd<目录路径> 切换当前目录，cd 是 change directory 的缩写，是用来变换工作路径的指令，路径与 cd 指令之间存在一个空格。"cd.."指返回上一层目录，cd 直接返回用户主目录。

③ mkdir<目录名称> 创建新目录。创建重名目录会失败。

④ rmdir<文件夹名称> 删除目录，删除的目录必须存在，必须为空目录。

⑤ cp<源文件><目标文件> 复制文件。

⑥ mv<源文件/目录><目标文件/目录> 移动文件或目录，可以用于给文件或目录改名。

表 2-1 Ubuntu 终端常用操作命令

命令	功能	命令	功能	命令	功能
pwd	显示当前目录	cat	查看文件	head	筛选文件开头 N 行
ls	列出目录内容	more	分页查看文件	tail	筛选文件结尾 N 行
ll	详细列出目录内容	less	上下翻页查看文件	grep	筛选特定关键词的行
cd	切换当前目录	cp	复制文件	nano	简易文本编辑器
mkdir	创建目录	mv	移动文件，重命名	vim	专业文本编辑器
rmdir	删除目录	rm	删除文件	sort	对文件进行排序
Tab	补全命令或文件名	Ctrl+A/E	光标移至行首或行尾	Ctrl+D	结束内容输入

2.1.3.4 文件路径

Linux 和 Windows 在文件管理上有差别，Linux 可以通过命令行完成文件或目录的创建、移动和删除等，下文数据的导入同样也需要指定文件的具体位置，因此了解和编写文件的路径是必不可少的。

绝对路径是指从根目录出发，完整地描述文件路径，在任何情况下都可以使用，并且以"/"开头。相对路径是指以当前目录为起始点，进而找到目的文件所在的目录，相对路径只有在相对位置才能使用。假如要打开共享文件夹中的"lujing"文件夹，可以在终端输入绝对路径 cd /home/qiime2/share/lujing；或者输入相对路径 cd. /share/lujing；cd ＄PWD/share/lujing，". /"代表的是当前路径，＄PWD 代表当前路径的环境变量，pwd 命令可以显示当前工作目录的绝对路径（图 2-9）。

```
(qiime2-2022.2) qiime2@qiime2:~$ cd /home/qiime2/share/lujing
(qiime2-2022.2) qiime2@qiime2:~/share/lujing$ pwd
/home/qiime2/share/lujing
(qiime2-2022.2) qiime2@qiime2:~/share/lujing$ cd
(qiime2-2022.2) qiime2@qiime2:~$ cd ./share/lujing
(qiime2-2022.2) qiime2@qiime2:~/share/lujing$ pwd
/home/qiime2/share/lujing
(qiime2-2022.2) qiime2@qiime2:~/share/lujing$ cd
(qiime2-2022.2) qiime2@qiime2:~$ cd $PWD/share/lujing
(qiime2-2022.2) qiime2@qiime2:~/share/lujing$ pwd
/home/qiime2/share/lujing
```

图 2-9　文件路径

2.2　构建特征表

由于 16S rDNA 的保守性，人们认为在测序中得到的一条序列可以代表一个物种。测序序列多达几万条，如果后续每一步操作都对几万条原始序列进行分析，这种方式的计算量非常大，常见的计算机无法满足计算要求。此外，测序错误使得生物真实的核苷酸序列及测序错误的人工序列在分析中难以区分，降低了结果的准确性。为了解决这一问题，通常以 97％为特定阈值，将序列聚类到操作分类单元（operational taxonomic units，OTU），但是 OTU 算法不能检测到物种或菌株之间的细微差异，错过了真实的生物学序列变异。近几年开发出以扩增子序列变体（amplicon sequence variants，ASV）为载体的新方法，相当于 100％的聚类，相较 OTU 方法，有更好的敏感性和特异性，得到了广泛的应用。

2.2.1　数据导入

2.2.1.1　元数据

元数据文件是记录数据描述信息的文件，样本信息是样本元数据，物种注释是特征元数据。收集样本元数据通常是在开始 QIIME2 分析之前的第一步，由研究人员决定哪些信息是作为元数据收集和跟踪的。在开始任何分析之前，熟悉元数据很重要。QIIME2 元数据通常存储在 TSV（制表符分隔，tab-separated values）文件中。这些文件通常具有 .tsv 或 .txt 文件扩展名。一般在 Excel 表中统计和整理元数据，另存为制表符分隔（txt）类型的文本文件 metadata.txt。除了 TSV 文件之外，QIIME2 对象（qza 文件）也可以用作元数据。

在图 2-10 中，sample_name 列是元数据文件中的第一列，可以选择后面跟随定义与每个样本或功能 ID 关联元数据的附加列。第二行是注释行，需要区分数值型与分类型，第一个单元格以井号（♯）开头的行为注释，后面的依次为分类型、数值型，可以根据需要来编写元数据文件的内容，注释行和空行（例如空行或仅由空单元格组成的行）被 QIIME2 忽略。

	A	B	C	D	E
1	sample_name	grassland	fenzu	group	place
2	#q2:types	categorical	numeric	categorical	categorical
3	sample1	Desert grassland	1	DS	DS-1
4	sample2	Desert grassland	1	DS	DS-2
5	sample3	Desert grassland	1	DS	DS-3
6	sample4	Typical grassland	2	TS	TS-1
7	sample5	Typical grassland	2	TS	TS-2
8	sample6	Typical grassland	2	TS	TS-3
9	sample7	Meadow grassland	3	MS	MS-1
10	sample8	Meadow grassland	3	MS	MS-2
11	sample9	Meadow grassland	3	MS	MS-3

文件名(N):	metadata
保存类型(T):	文本文件(制表符分隔)(*.txt)

图 2-10　元数据文件

用命令将 txt 格式转换为 QIIME2 对象的 qzv 格式文件，可以检验元数据文件格式是否正确。

🪐 运行命令

```
time qiime metadata tabulate\
  --m-input-file metadata.txt\
  --o-visualization metadata.qzv
```

🔄 运行界面

```
(qiime2-2022.2) qiime2@linux:~/share$ time qiime metadata tabulate \
>  --m-input-file metadata.txt  \
>  --o-visualization metadata.qzv
Saved Visualization to: metadata.qzv
```

2.2.1.2 清单文件

为了使用 QIIME2，输入数据必须存储在 QIIME2 对象中，即 qza 文件，这是实现支持分布式和自动来源跟踪以及语义类型验证和数据格式之间转换的关键。因此，先将数据放到共享文件夹 E：\ qiimeshare 中，然后在 Excel 中撰写清单文件，如图 2-11 中每个双端样本的正向序列与反向序列都一一对应着各自的路径，编写结束后另存为制表符分隔的文本文件 manifest.txt，最后使用该清单文件manifest.txt 导入数据。

	A	B	C	D
1	sample-id	forward-absolute-filepath		reverse-absolute-filepath
2	sample1	$PWD/bac/sample1.1.fastq		$PWD/bac/sample1.2.fastq
3	sample2	$PWD/bac/sample2.1.fastq		$PWD/bac/sample2.2.fastq
4	sample3	$PWD/bac/sample3.1.fastq		$PWD/bac/sample3.2.fastq
5	sample4	$PWD/bac/sample4.1.fastq		$PWD/bac/sample4.2.fastq
6	sample5	$PWD/bac/sample5.1.fastq		$PWD/bac/sample5.2.fastq
7	sample6	$PWD/bac/sample6.1.fastq		$PWD/bac/sample6.2.fastq
8	sample7	$PWD/bac/sample7.1.fastq		$PWD/bac/sample7.2.fastq
9	sample8	$PWD/bac/sample8.1.fastq		$PWD/bac/sample8.2.fastq
10	sample9	$PWD/bac/sample9.1.fastq		$PWD/bac/sample9.2.fastq
11				

文件名(N): manifest

保存类型(T): 文本文件(制表符分隔)

图 2-11　清单文件

$ PWD 表示当前路径环境变量；pwd 是 print working directory 的缩写，即显示目前所在目录

清单文件是一个文本文件（.tsv 或 .txt 格式），它将示例标识符映射到fastq.gz 或 fastq 的绝对文件路径，其中包含示例的序列和质量数据。清单文件还指示每个 fastq.gz 或 fastq 文件中的读取方向。fastq.gz 文件的绝对路径可以包含环境变量（例如 $ PWD）。撰写清单文件时正向和反向序列文件的路径一定要准确，清单文件的保存格式为文本文件（制表符分隔）。QIIME2 中涉及的其他格式的文件如表 2-2 所示。

表 2-2　拓展文件格式

文件格式	文件描述
tsv 格式	Tab-separated values 的缩写，即制表符(Tab,'\t')分隔值,储存表格数据
csv 格式	Comma separated values 的缩写，即半角逗号(',')分割值,储存表格数据
txt 格式	Plain text(ASCII or ISO Latin 1 format)的缩写,表示纯文本(ASCII 或 ISO 拉丁 1 格式),是微软操作系统上附带的一种文本格式,有 ANSI,Unicode,Unicode big endian,UTF-8 四种编码

（1）导入数据。插件 qiime tools import 专门用于导入数据，支持多达 58 种格式，可以使用命令 qiime tools import --show-importable-formats 进行查看。

🌐 运行命令

```
time qiime tools import \
    --type 'SampleData[PairedEndSequencesWithQuality]'\
    --input-format PairedEndFastqManifestPhred33V2 \
    --input-path manifest.txt \
    --output-path demux.qza
```

📋 参数解读

① time qiime tools import 中 time 用于统计运行时间，后面的 qiime tools import 为 qiime2 要执行的任务。

② --type：定义导入对象的语义类型。使用--show importable types 命令可以查看当前版本可导入的全部语义类型。本案例所有样本的原始数据都储存在带有质量信息的双端 fastq 文件中，因此选用语句类型'SampleData［PairedEnd SequencesWithQuality］'。

③ --input-format：指要导入的数据的格式；FASTQ 数据有四种常用格式变体，导入时必须将其指定为 QIIME2 的类型，而质量值 33 类型的双端数据最为常用，在这种文件清单格式的变体中，每个样本 ID 必须有正向和反向读取的 fastq.gz/fastq 文件，这种格式假定用于所有 fastq.gz/fastq 文件中位置质量分数的分段偏移量为 33。

④ --input-path：输入文件路径。

⑤ --output-path：输出文件路径。

🔄 运行界面

```
(qiime2-2022.2) qiime2@qiime2:~/share$ time qiime tools import \
>    --type 'SampleData[PairedEndSequencesWithQuality]' \
>    --input-format PairedEndFastqManifestPhred33V2 \
>    --input-path manifest.txt \
>    --output-path demux.qza
Imported manifest.txt as PairedEndFastqManifestPhred33V2 to demux.qza

real    3m22.673s
user    3m19.432s
sys     0m0.743s
```

（2）检查样本的序列和序列深度。插件 qiime demux summarize 命令提供每个样本中序列的数量以及序列质量的信息。Mux 是 Multiplex 的缩写，意为"多路传输"，类似于"混流"、"封装"的意思，例如把音频流和视频流用一个容器文件（container）封装起来，其实里面还是各自独立的。demux（分离）将里面的视频、音频或字幕分解出来，获得与原来素材一模一样的独立的视频、音频和字幕文件。

🌐 运行命令

```
time qiime demux summarize \
    --i-data demux.qza \
    --o-visualization demux.qzv
```

📊 参数解读

① --i-data：输入 qza 文件。

② --o-visualization：输出 qzv 可视化文件。

③ demux. qzv：可视化文件查看。命令 qiime tools view demux. qzv 可以调用浏览器查看 qzv 文件。

🔄 运行界面

```
(qiime2-2022.2) qiime2@qiime2:~/share$ time qiime demux summarize \
>    --i-data demux.qza \
>    --o-visualization demux.qzv
Saved Visualization to: demux.qzv

real     0m16.174s
user     0m15.047s
sys      0m2.001s
```

输出的数据摘要信息图（图 2-12），展示了序列数据的总体情况，图像上部分序列数目的表格包括了正反向序列条数的最小值、中位值、平均值、最大值和总值；图像的中间部分是正反向序列的分布频率直方图，展示了序列的分布情况；图像的下部分是每个样本序列的数目表格，可以直观地查看每个样本的具体情况。

根据交互质量图（图 2-13）可以判断序列的质量变化情况，在去噪时根据此图选择序列的裁剪位置和长度。一般从质量发生下降的部位开始裁剪。样品的质量分数在 30 以上是比较好的，一般要保证在 20 以上，下虚线 10％分位数大于 20；中间表格中的数据随着鼠标停留在图像中位置的不同而随时发生变化，可以查看每个数据箱线图具体位置的碱基质量值；下面的表格显示了整体序列的长度，均为 301nts。

Demultiplexed sequence counts summary

	forward reads	reverse reads
Minimum	60130	60130
Median	69360.0	69360.0
Mean	70669.666667	70669.666667
Maximum	85813	85813
Total	636027	636027

Forward Reads Frequency Histogram

Reverse Reads Frequency Histogram

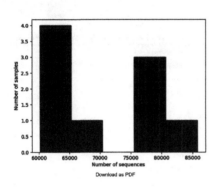
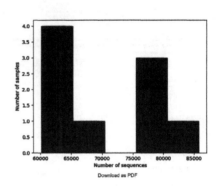

Per-sample sequence counts

Total Samples: 9 (forward) 9 (reverse)

sample ID	forward sequence count	reverse sequence count
sample9	85813	85813
sample4	79613	79613
sample3	78002	78002
sample8	76666	76666
sample7	69360	69360
sample6	63335	63335
sample5	62384	62384
sample2	60724	60724
sample1	60130	60130

图 2-12 导入数据摘要

2.2.2 去噪

传统上，序列读取在定义的同一性阈值下聚集到操作分类单元（OTU）中，以避免产生虚假分类单元的测序错误。然而，有许多生物信息学软件包试图通过生成扩增子序列变体（ASV）来纠正测序错误，以单核苷酸分辨率确定真实的生物序列，即只要有一个核苷酸存在差异，就会被定义为一个新的 ASV，旨在保证比97％阈值的 OTU 有更高的准确性，考虑到它们的构造方法，ASV 并不等同于"100％-OTU"。目前基于 ASV 方法使用最广泛的 3 个包为 DADA2、UNOISE3 和

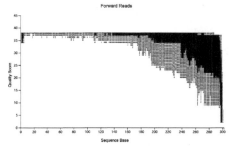

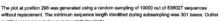

图 2-13　交互质量图与解复用序列长度摘要

Deblur。

　　QIIME2 中构建特征表的插件包括 DADA2、Deblur 和 VSEARCH，其中使用去噪方法的是 DADA2 和 Deblur，VSEARCH 则是用于实现无参（de novo）、有参（closed reference）和有无参结合（open reference）三种不同的 OTU 聚类策略。输出结果是一个 QIIME2 特征表 FeatureTable［Frequency］和一个代表性序列 FeatureData［Sequence］对象，Frequency 对象包含数据集中每个样本中每个唯一序列的计数（频率），Sequence 对象将 FeatureTable 中的特征 ID 与序列对应。

2.2.2.1 DADA2 与 Deblur

DADA2 旨在通过降噪得到不含扩增与测序错误、不含嵌合体的生物学序列。DADA 使用 454 测序数据进行了测试，结果表明可得到更少的假阳性。2016 年在 DADA 基础上推出的 DADA2 可用于分析 Illumina 平台数据，其分辨率达到单核苷酸精度。另一种不通过聚类（clustering）而得到 OTU 的新方法是 2016 年发表的 Deblur，分辨率也能够达到单核苷酸精度，此方法已经被用于处理地球微生物组计划（EMP）得到的全球数据。

DADA2 通过建立错误模型，利用该模型区分预测的"真实"生物变异和可能由测序错误产生的变异，评估和修正扩增子测序过程中引入的错误，以自身数据的错误模型为参数，不用依赖其他参数分布模型，对序列具有更高的分辨率。DADA2 的错误模型包含了质量信息，而其他的方法都在过滤低质量之后把序列的质量信息忽略。该模型也包括了定量的丰度，同时也计算了各种不同转置的概率。因为 DADA2 是一个通过构建错误率模型推测扩增子序列是否来自模板的算法，所以可以识别出更多的真实生物序列和剔除更多的假阳性序列，还能够保留尽量多的 reads。

 知识拓展 ....

① DADA2 只能对混合样本进行操作，Deblur 不仅可以对混合样本进行操作，还能对单个样本进行操作。

② Deblur 分析之前必须进行数据质量过滤，但是对于 DADA2 来说是不必要的。

③ Deblur 和 DADA2 都包含内部嵌合体检查方法和丰度过滤，因此这两种方法都不需要额外的过滤。

....

在 QIIME2 平台内置的 DADA2 插件中，双端合并、去除嵌合体、截去接头序列降噪生成特征表（Feature table）一步完成，更加方便快捷，因此选用 DADA2 算法处理本案例 9 个样本的扩增子测序数据。

2.2.2.2 去除非生物序列

运行 DADA2 之前要确保测序数据满足以下规范。第一，样品已被拆分好，即每个样品一个 fq/fastq 文件，如果是双端测序，则每个样本应具有相匹配的两个 fq 文件。第二，已经去除非生物核酸序列，比如，引物、接头、linker 等。在实际处理数据中，下机数据（raw data）存在未被去除的引物和 barcode 等非生物序列，它们的存在会严重影响后续的分析，因此第一步要先去除非生物序列。

（1）去除细菌的非生物序列。Cutadapt 是一款在一定容错率的情况下对高通量测序的数据进行识别和剪切去除 adapters、primers 和 poly _ A 等序列的软件。在 QIIME2 中，Cutadapt 是一个可以直接使用的插件，用于搜索并删除双末端（paired-end）序列中的接头序列，输入 qiime cutadapt 命令可以直接调用。

🌐 运行命令

```
time qiime cutadapt trim-paired \
    --i-demultiplexed-sequences demux. qza \
    --p-front-f ACTCCTACGGGAGGCAGCAG \
    --p-front-r GGACTACHVGGGTWTCTAAT \
    --p-cores 8 \
    --p-no-indels \
    --p-match-adapter-wildcards \
    --p-discard-untrimmed \
    --o-trimmed-sequences paired-trim-demux. qza \
    --verbose
```

📇 参数解读

① --p-front-f/r　连接到 5′端的引物序列。引物和在其之前的序列（barcode）都会被裁剪。已知细菌的测序引物为 338F（5′-ACTCCTACGGGAGGCAGCAG-3′）和 806R（5′-GGACTACHVGGGTWTCTAAT-3′）。

② --p-cores　分配的 CPU 内核数。数量越多，处理速度越快。

③ --p-indels/--p-no-indels　匹配引物时允许/不允许插入或删除碱基。

④ --p-match-adapter-wildcards/--p-no-match-adapter-wildcards　解释/不解释引物中的简并引物（是指代表编码单个氨基酸可能性的不同序列的混合物）。如果不使用这个命令，则默认只允许 A/T/G/C 匹配，任何不明确的碱基都会被视为不匹配，从而导致引物去除不完整。

⑤ --p-discard-untrimmed/--p-no-discard-untrimmed　丢弃/不丢弃未找到引物的读取。运行此命令可以删除无法找到引物的序列，可以作为质量控制的一种方法。如果不运行此命令，数据中存在的未匹配到引物的序列会影响下游分析。

⑥ --o-trimmed-sequences　输出结果文件 paired-trim-demux. qza，去除引物后的序列数据。

运行界面

```
(qiime2-2022.2) qiime2@qiime2:~/share$ time qiime cutadapt trim-paired \
>    --i-demultiplexed-sequences demux.qza \
>    --p-front-f ACTCCTACGGGAGGCAGCAG\
>    --p-front-r GGACTACHVGGGTWTCTAAT\
>    --p-cores 8 \
>    --p-no-indels \
>    --p-match-adapter-wildcards \
>    --p-discard-untrimmed \
>    --o-trimmed-sequences paired-trim-demux.qza \
>    --verbose
Saved SampleData[PairedEndSequencesWithQuality] to: paired-trim-demux.qza
```

（2）去除引物后结果的可视化。将结果文件 paired-trim-demux.qza 转换为可视化文件 paired-trim-demux.qzv。

运行命令

```
time qiime demux summarize \
  --i-data paired-trim-demux.qza \
  --o-visualization paired-trim-demux.qzv
```

图 2-14 中展示的信息与图 2-12 的一致，由于使用 cutadapt 插件裁剪了非生物序列，所以一些序列的数值降低，说明这些序列中存在非生物序列。

Overview | Interactive Quality Plot

Demultiplexed sequence counts summary

	forward reads	reverse reads
Minimum	59309	59309
Median	68877.0	68877.0
Mean	69799.222222	69799.222222
Maximum	84834	84834
Total	628193	628193

Forward Reads Frequency Histogram

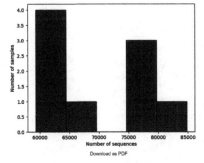

Reverse Reads Frequency Histogram

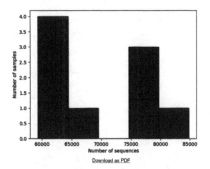

图 2-14

Per-sample sequence counts

Total Samples: 9 (forward) 9 (reverse)

	forward sequence count	reverse sequence count
sample ID		
sample9	84834	84834
sample4	78573	78573
sample3	77080	77080
sample8	75656	75656
sample7	68877	68877
sample6	62528	62528
sample5	61513	61513
sample2	60023	60023
sample1	59309	59309

Download as TSV

图 2-14　paired-trim-demux. qzv 可视化文件 Overview 视图

经过 qiime cutadapt 处理之后，从质量交互图（图 2-15）中可以清楚地看到前端的引物序列已经被成功去除（与图 2-13 中对比），因为丢弃了未配到引物的序

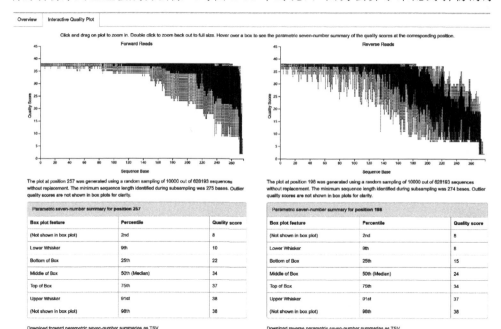

图 2-15　paired-trim-demux. qzv 可视化文件 Interactive Quality Plot 视图

列，所以各样品序列数目减少，且整条序列的长度从 301nts 缩短到 275nts，现在可以进行下游数据分析了。

2.2.2.3　生成 ASV

DADA2 是一种分裂式分割算法。首先，将每个 read 全部看作单独的单元，sequence（序列）相同的 reads 被合并成一个 sequence，reads 个数即成为该 sequence 的丰度（abundance），即去冗余；其次，计算每个 sequence 丰度的 p-value，当最小的 p-value 低于设定的阈值时，将产生一个新的 partition。每一个 sequence 将会被归入最可能生成该 sequence 的 partition。最后，依次类推，完成分割归并。在 QIIME2 中，默认序列质量中位数低于 20 或最小值低于 5 的 reads 在 DADA2 过程中会被去除。

Illumina 双端测序，尤其是双端均为 300bp 的测序长度下，由于可能出现的低质量反向序列，导致在 DADA2 正反向序列合并过程中无法拼接而使得整条读取序列质量过低的情况。通常有两种解决方法，第一种是丢弃反向序列，只用质量较高的正向序列；第二种是使用双端数据，通过设置--p-max-ee-f/r 参数，提高序列读取率（更适用于多数序列质量低于 20 的数据使用），数值越大，读取率越高。

实践得知，当导入高质量的正向序列作为单端序列分析时，样本的总样品数保持不变，读取序列和特征序列的数值明显高于双端数据的分析结果；但是物种分类注释（门水平和属水平）结果中，同一水平下注释的结果，双端数据的效果明显优于单端数据。这是由于单端数据的质量高，在导入数据时的通过率高，但是序列长度短，包含的物种信息少，而双端数据虽然序列质量低，但合并后的序列长度远远高于单端序列，包含了更多的物种信息。因此，在不涉及群落结构分析（即不需要物种注释结果）时，可选择第一种方法以获得更多的 OTU 数量；在需要分析群落结构时，更推荐使用第二种方法。本研究要探究微生物群落的变化，需要基于物种注释结果进行分析，因此使用双端数据生成特征表（Feature table）。

（1）使用 DADA2 处理双端数据生成 Feature table。

🌐 运行命令

```
time qiime dada2 denoise-paired \
   --i-demultiplexed-seqs paired-trim-demux.qza \
   --p-n-threads 0 \
   --p-trim-left-f 0 \
   --p-trunc-len-f 270 \
   --p-trim-left-r 0 \
   --p-trunc-len-r 210 \
   --o-table dada2-table-paired.qza \
```

--o-representative-sequences dada2-repset-seqs-paired. qza \

--o-denoising-stats denoising-stats-paired. qza

参数解读

① --i-demultiplexed-seqs　输入要去噪的双端解复用序列。

② --p-n-threads　用于多线程处理的线程数，设置 0 表示使用所有可用内核。若运行代码报错 return code 1，可能是由于设置的线程数量太多，减小即可。

③ --p-trim-left-f　修剪正向 reads 低质量碱基的位置，设置此参数会修剪序列的 5′ 端。此处设置为 0，不进行修剪。

④ --p-trunc-len-f　去除低质量的碱基片段，此参数可以设置截断正向 reads 位置，即截断输入序列的 3′ 端。短于该值的 reads 将被丢弃。应用此参数后，正向和反向 reads 之间仍必须至少有 12 个核苷酸重叠。如果设置 0，则不会执行截断或长度过滤。根据质量交互图截断正向序列设置长度为 270。

⑤ --p-trim-left-r　设置修剪反向 reads 的位置，将修剪输入序列的 3′ 端。

⑥ --p-trunc-len-r　去除低质量的碱基片段，此参数可以设置截断反向 reads 位置，即截断输入序列的 5′ 端。短于该值的 reads 将被丢弃。应用此参数后，正向和反向 reads 之间仍必须至少有 12 个核苷酸重叠。如果设置 0，则不会执行截断或长度过滤。由于反向序列质量太差，截断保留长度为 210。

⑦ --o-table　生成特征表。

⑧ --o-representative-sequences　生成的特征序列。特征表中的每个特征都将由一个代表序列表示，这些序列是合并后的双端序列。

⑨ --p-max-ee-f/r　正向和反向序列中超过预期最大错误率将被丢弃，默认值为 2。

运行界面

```
(qiime2-2022.2) qiime2@qiime2:~/share$ time qiime dada2 denoise-paired \
>   --i-demultiplexed-seqs paired-trim-demux.qza \
>   --p-n-threads 0 \
>   --p-trim-left-f 0 \
>   --p-trunc-len-f 270 \
>   --p-trim-left-r 0 \
>   --p-trunc-len-r 210 \
>   --o-table dada2-table-paired.qza \
>   --o-representative-sequences dada2-repset-seqs-paired.qza \
>   --o-denoising-stats denoising-stats-paired.qza
Saved FeatureTable[Frequency] to: dada2-table-paired.qza
Saved FeatureData[Sequence] to: dada2-repset-seqs-paired.qza
Saved SampleData[DADA2Stats] to: denoising-stats-paired.qza

real    33m15.134s
user    215m27.743s
sys     3m26.016s
```

（2）结果可视化。

① 特征表统计结果可视化。

⊛ 运行命令

```
time qiime metadata tabulate \
    --m-input-file denoising-stats-paired. qza \
    --o-visualization denoising-stats-paired. qzv
```

② 特征表结果可视化。

⊛ 运行命令

```
time qiime feature-table summarize \
    --i-table dada2-table-paired. qza \
    --m-sample-metadata-file metadata. txt \
    --o-visualization dada2-table-paired. qzv
```

③ 代表序列统计结果可视化。

⊛ 运行命令

```
time qiime feature-table tabulate-seqs \
    --i-data dada2-repset-seqs-paired. qza \
    --o-visualization dada2-repset-seqs-paired. qzv
```

（3）结果汇总。

① dada2-table-paired. qza｜特征表；

② dada2-table-paired. qzv｜特征表可视化结果；

③ denoising-stats-paired. qza｜特征表统计；

④ denoising-stats-paired. qzv｜特征表统计可视化结果；

⑤ dada2-repset-seqs-paired. qza｜代表序列；

⑥ dada2-repset-seqs-paired. qzv｜代表序列可视化结果。

特征表摘要（图 2-16），可以查看样本量、特征序列数量等。

Overview	Interactive Sample Detail	Feature Detail

Table summary

Metric	Sample
Number of samples	9
Number of features	5,058
Total frequency	192,134

图 2-16

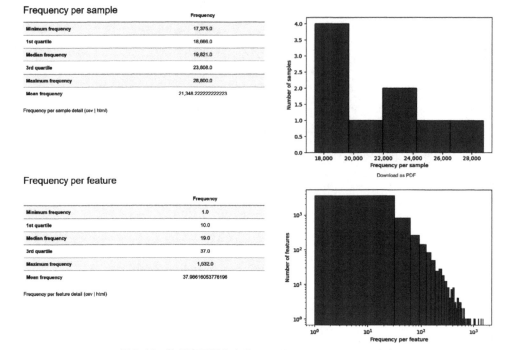

图 2-16　特征表可视化文件 dada2-table-paired. qzv 内容

Interactive Sample Detail 可以查看样本数据量分布（图 2-17），拖动样本深度

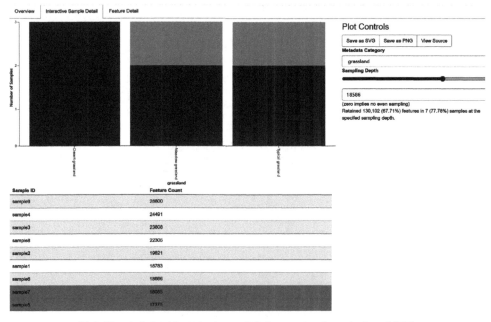

图 2-17　dada2-table-paired. qzv 文件 Interactive Sample Detail 视图

的进度条，下方会显示有多少样本被保留，有多少样本被丢弃，并且同时左侧图形和下方的数据表格也会随之变化。

Feature Detail 可以进一步查看每个特征的频率和在样本中出现的次数（图 2-18）。

Overview　Interactive Sample Detail　Feature Detail

	Frequency	# of Samples Observed In
69c6670eac407712dff9e575ed6b95d4	1,532	9
6e7604ec6f61c2fee0d97a8d8b3d057d	1,394	9
e7fe410af2ac77a0456f787c6e0a4251	1,229	9
01a70c9e7120d2e57d489deb1f05789b	1,045	9
0c457766cb8f9280f31e57ac199585d7	1,020	9
d50f31dd1440ad9557ca1f01fdb95354	859	9
0381730cf884cc76ae77a744193c207c	802	9
3d7e80d08b8acfd6a604545496e29636	786	8
5044e688a0b01f0217bb73948ab9cc21	737	9
93754453607750455532c58ea9c118c82	697	9

图 2-18　dada2-table-paired. qzv 文件 Feature Detail 视图

图 2-19 为每个样本输入、过滤、去噪和非嵌合的统计，其中 merged 列是双端合并成功的序列数，non-chimeric 列是 DADA2 完成后每个样品最终保留的序列数，支持按列排序和检索功能，这些功能对筛选异常样本，特征表抽平标准化非常有用。

sample-id #q2:types	input numeric	filtered numeric	percentage of input passed filter numeric	denoised numeric	merged numeric	percentage of input merged numeric	non-chimeric numeric	percentage of input non-chimeric numeric
sample1	59309	38706	65.26	32183	19557	32.97	18783	31.67
sample2	60023	38308	63.82	33273	21018	35.02	19821	33.02
sample3	77080	50114	65.02	42148	25655	33.28	23808	30.89
sample4	78573	52298	66.56	44535	26318	33.49	24491	31.17
sample5	61513	41185	66.95	33391	18514	30.1	17375	28.25
sample6	62528	42092	67.32	34535	19903	31.83	18666	29.85
sample7	68677	42669	62.13	35225	19184	27.93	18085	26.33
sample8	75656	49805	65.83	41858	24285	32.1	22305	29.48
sample9	84834	55960	65.96	48325	30910	36.44	28800	33.95

Showing 1 to 9 of 9 entries

图 2-19　特征表统计可视化结果

图 2-20 为代表序列的统计，可以查看合并后序列的长度信息和序列的详细内容，还可点击序列跳转 NCBI blast 查看相近序列的信息。

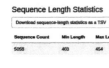

Sequence Length Statistics

Download sequence-length statistics as a TSV

Sequence Count	Min Length	Max Length	Mean Length	Range	Standard Deviation
5058	403	454	419.79	51	10.98

Seven-Number Summary of Sequence Lengths

Download seven-number summary as a TSV

Percentile:	2%	9%	25%	50%	75%	91%	98%
Length* (nts):	404	404	406	426	429	430	431

*Values rounded down to nearest whole number.

Sequence Table

To BLAST a sequence against the NCBI nt database, click the sequence and then click the View report button on the resulting page.

Download your sequences as a raw FASTA file

Click on a Column header to sort the table.

Feature ID	Sequence Length	Sequence
69c6670eac407712df9e575ed6b95d4	428	CCAGGAATCTTGGGCAATGGGCGAAAGCCTGACCCAGCAACACCGTGTGGGCGATGAAGGCCTTCGGGTCGTAAAGCCCTGTTGATAGGGACGAAGGGCGAAGGGTTAATAGCCCCTAGCCTGACGGTACCTTTCGAG
6e7604ec8f61c2fee0d97a8d8b3d057d	404	TGGGGAATATTGGACAATGGGCGCAAGCCTGATCCAGCCATGCCGCGTGAGTGATGAAGGCCTTAGGGTTGTAAAGCTCTTTGTGCGGGAAGATAATGACGGTACCGCAAGAATAAGCCCCGGCTAACTTCGTGCCA
e7fe410af2ac77a0458f787c6e0a4251	426	TCGGGAATTTTGGGCAATGGGCGAAAGCCTGACCCAGCAACACGCGCGTGAAGGATGAAGGTTTTCGGAGTGTAAACTTCATAAGAATGGGACGAATAAGGAGGGGTTAACACCCCCTTTGATGACGGTACCATTTGTA
01a70c9e7120d2e57d489deb1f05789b	428	TCGGGAATCTTGCGCAATGGGCGAAAGCCTGACGCAGCAACACCGTGTGAGCGACGAAGGCCTTCGGGTCGTAAAGCTCTGTTGTTGGGGAACGAAGGGTTAGGGGTTAATAGCCCCTAACCCTGACGGTACCCTTCGAG
0c457766cb8f9280f31a57ac199585d7	409	TGGGGAATATTGCACAATGGGCGCAAGCCTGATGCAGCGACGCCGCGTGAGGGATGACGGCCTTCGGGTTGTAAACCTCTTTCAGTAGGGAAGAAGCGAAAGTGACGGTACCTGCAGAAGAAGCGCCGGCTAACTACG

图 2-20 代表序列可视化结果

 知识拓展 ··

丢弃反向序列，仅使用正向序列作为单端数据导入，再使用 DADA2 生成 Feature table，此步省略了 cutadapt，直接将 primer 裁减掉。

```
qiime dada2 denoise-single \
    --i-demultiplexed-seqs single-demux. qza \
    --p-n-threads 0 \
    --p-trim-left 26 \
    --p-trunc-len-f 270 \
    --o-table dada2-table-single. qza \
    --o-representative-sequences dada2-repset-seqs-single. qza \
    --o-denoising-stats denoising-stats-single. qza
```

···

2.2.3 导出特征表

QIIME2 采用 qza 文件以保证文件格式统一和分析流程可追溯。当使用其他微生物组分析程序分析数据或在 R 中进行统计分析时，需要导出其他软件兼容的格式，便于开展个性化的分析。这可以通过使用 qiime tools export 命令来实现，该命令以 QIIME2 对象（.qza）文件作为输入同时输出目录文件，根据特定对象导出一个或多个文件。

（1）使用插件 qiime tools export 将数据导出。

 运行命令

```
time qiime tools export \
```

```
--input-path dada2-table-paired.qza \
--output-path exported-feature-table
```

 运行界面

```
(qiime2-2021.11) qiime2@qiime2core2021-11:~/share$ time qiime tools export \
>   --input-path dada2-table-paired.qza \
>   --output-path exported-feature-table
Exported dada2-table-paired.qza as BIOMV210DirFmt to directory exported-feature-table

real    0m35.906s
user    0m10.550s
sys     0m1.455s
```

（2）使用软件 7-ZIP 直接解压缩 dada2-table-paired.qza（图 2-21）。

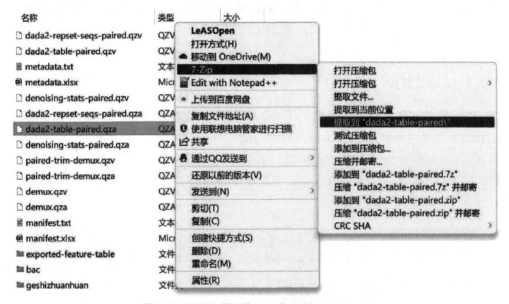

图 2-21　7-ZIP 解压缩 dada2-table-paired.qza

2.2.4　BIOM 文件

生物观测矩阵（bological oservation mtrix，BIOM）是微生物组数据通用数据格式，BIOM 格式的表称为 biom 表，一般使用 .biom 扩展名。biom 表的优点是可以将 OTU 或 Feature table、样本属性和物种信息等多个表保存于同一个文件中，且格式统一，体积更小巧。目前，几乎所有的主流微生物组分析软件都支持 BIOM 格式，包括 QIIME2、PICRUSt、Mothur、MEGAN、RDP Classifier、USEARCH、MG-RAST 和 MetaPhlAn2。

2.2.4.1 格式用途

（1）存储和操作大规模稀疏的生物数据列联表，即列联表是观测数据按两个或更多属性（定性变量）分类时所列出的频数表，类似于通常的统计表格。

（2）将核心元数据（contingency table data and sample/observation metadata）封装到单个文件中。

（3）通用于主流微生物组分析软件，包括 QIIME2、MG-RAST 和 VAMPS 等。

2.2.4.2 文件版本

BIOM 目前分 1.0 JSON 和 2.0 HDF5 版本。JSON 是编程语言广泛支持的格式，类似于散列的键值对结果，会根据数据松散程度，选择不同的存储结构来节省空间。HDF5 是二进制格式，被许多程序语言支持，读取更高效且节约空间。

2.2.4.3 格式转换

BIOM 格式的文件使用常规的 Excel、记事本等编辑器无法直接查看，所以要进行转换变成一般格式，便于进行后续分析。biom-format 中的 convert 命令可用于在 biom 和制表符分隔的表格格式之间进行转换。制表符分隔的表通常称为经典格式表，该类型的表格可以在 Excel 等程序中轻松查看。使用以下代码将 biom 格式转换为 txt 格式（图 2-22）。

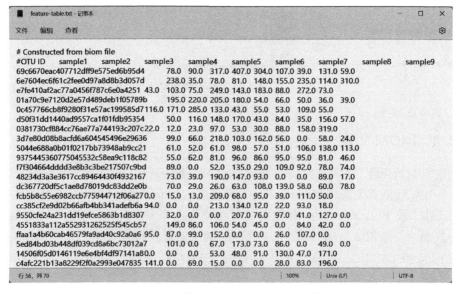

图 2-22 文本格式的 feature-table.txt 文件内容

⊕ **运行命令**

```
time biom convert -i exported-feature-table/feature-table.biom \
 -o exported-feature-table/feature-table.txt \
 --to-tsv
```

Feature table（图 2-22）的第一列为 OTU 名称，第二列到第十列为每个样本中该 OTU 的数量。OTU 按照其在 9 个样本中的总数由高到低排序。

2.3 物种注释

生物信息学中的注释是指从原始序列中获得有用的信息，在基因组 DNA 中寻找基因和其他功能元件（结构注释），并给出这些序列的功能（功能注释）。扩增子分析中物种注释是基于聚类/去噪生成的代表序列，与已知的物种数据库进行分类学比对分析，进行物种分类，从而达到了解测序所得序列物种来源的目的。

2.3.1 参考数据库

在 QIIME2 官网的 data-resources 里列举了扩增子分析常用的数据库。数据库中整合了大量的已知序列及其物种信息，便于对未知序列进行物种注释。

（1）SILVA 数据库　该数据库是一个包含三域微生物（细菌、古菌、真核）rRNA 基因序列的综合数据库，涵盖了原核和真核微生物的小亚基 rRNA 基因序列（简称 SSU，即 16S rRNA 和 18S rRNA）和大亚基 rRNA 基因序列（简称 LSU，即 23S rRNA 和 28S rRNA）。因为 SILVA 数据库更新比较及时，因此是目前 rRNA 基因高通量测序后最常选用的参考数据库之一。此外，SILVA 也可被用于平时菌种鉴定时，对少量 rRNA 基因测序后的物种进行分类鉴定，此时主要用其 SINA Alignment Service 功能，可非常方便地确定某条 rRNA 基因序列的分类信息并给出相应的置信度。

（2）RDP 数据库　RDP 全称 "Ribosomal Database Project"，该数据库提供质控、比对、注释的细菌、古菌 16S rRNA 基因和真菌 28S rRNA 基因序列。RDP 是目前较常用的 rRNA 基因高通量测序后作为比对、注释的参考数据库。此外，还可用于平时菌种鉴定时，对少量 rRNA 基因测序后的物种进行分类鉴定，此时主要用其 Classifier 功能，可以非常方便地确定某条 rRNA 基因序列从门到属/种水平的分类信息并给出各水平相应的置信度。

（3）Greengenes 数据库　Greengenes 是专门针对细菌、古菌 16S rRNA 基因

的数据库，官网至今停留在 gg_13_5 版本，在 QIIME2 官网上可以下载 gg_13_8 版本，而在 2022 年 10 月，数据库更新至 Greengenes2 并且提供了 QIIME2 插件和分析流程，相关结果读者可自行至 Greengenes2 的 github 官网搜索查看。

（4）UNITE 数据库　该数据库是目前真菌 ITS（内转录间隔区）整理最全面的数据库，基于上百万条的全长 ITS 高质量序列，包括 45 万多个假定物种。

2.3.2　训练分类器

分类注释器是根据同一批次测序的目标微生物类群、扩增引物序列和扩增区域从完整的注释数据库提取出的目标物种信息子库，将本案例的 ASV 代表序列、丰度表与分类注释器的物种注释信息比对可以获取物种丰度表。因为不同实验的扩增区域不同，鉴定物种分类的精度不同，提前训练获得特定区域的分类器可以让物种注释更准确，也可以降低物种注释操作对计算机配置要求。目前，ITS 区域训练对结果准确性提高不大，可以不用训练。然而，基于 16S 和 18S 测序时的扩增区域不同，使用特异性分类器的注释结果比总数据库的精确度更高、效率更高。

在做训练器之前，首先要清楚以下三点。第一，选择合适的数据库；第二，明确扩增引物序列；第三，了解要注释的序列长度分布。查看 dada2-repset-seqs-paired.qzv 文件，由图 2-23 可知，草原土壤细菌测序数据的长度主要分布在 403～454bp 之间。

Sequence Length Statistics

Download sequence-length statistics as a TSV

Sequence Count	Min Length	Max Length	Mean Length	Range	Standard Deviation
5058	403	454	419.79	51	10.98

图 2-23　代表性序列长度范围

2.3.2.1　基于 Greengene 数据库

下载 QIIME2 官网 data-resources 中的 Greengenes 13_8 数据库，使用 rep_set 文件中的 99_otus.fasta 数据和 taxonomy 中的 99_otu_taxonomy.txt 数据作为参考进行物种注释，将这两个文件放入到共享文件夹。

（1）格式转换　首先要将下载得到的 99_otus.fasta 和 99_otu_taxonomy.txt 文件的内容调整为 QIIME2 所要求的格式。

① 导入序列信息。

🌐 运行命令

```
time qiime tools import \
  --type 'FeatureData[Sequence]'\
  --input-path 99_otus.fasta \
  --output-path 99_otus.qza
```

🔄 运行界面

```
(qiime2-2022.2) qiime2@qiime2:~/share$ cd Greengene/
(qiime2-2022.2) qiime2@qiime2:~/share/Greengene$ time qiime tools import \
>   --type 'FeatureData[Sequence]' \
>   --input-path 99_otus.fasta \
>   --output-path 99_otus.qza
Imported 99_otus.fasta as DNASequencesDirectoryFormat to 99_otus.qza
```

② 导入物种分类信息。

🌐 运行命令

```
time qiime tools import \
  --type 'FeatureData[Taxonomy]'\
  --input-format HeaderlessTSVTaxonomyFormat \
  --input-path 99_otu_taxonomy.txt \
  --output-path 99_otu_taxonomy.qza
```

🔄 运行界面

```
(qiime2-2022.2) qiime2@qiime2:~/share/Greengene$ time qiime tools import \
>   --type 'FeatureData[Taxonomy]' \
>   --input-format HeaderlessTSVTaxonomyFormat \
>   --input-path 99_otu_taxonomy.txt \
>   --output-path 99_otu_taxonomy.qza
Imported 99_otu_taxonomy.txt as HeaderlessTSVTaxonomyFormat to 99_otu_taxonomy.qza
```

生成了本次所需的两个文件：99_otus.qza 按 99%聚类的全部序列；99_otu_taxonomy.qza 按 99%聚类的全部物种。

（2）特异引物分类器构建 338F-806R　注意比对引物必须是确定的，尽量避免含有 H/V/M 等简并碱基。含有简并碱基的引物序列称为简并引物，简并引物的存在会影响后续的分类结果。

① 提取扩增区 338F-806R。

🌐 运行命令

```
time qiime feature-classifier extract-reads \
```

```
--i-sequences 99_otus.qza \
--p-f-primer ACTCCTACGGGAGGCAGCAG \
--p-r-primer GGACTACHVGGGTWTCTAAT \
--p-min-length 403 \
--p-max-length 454 \
--p-n-jobs 4 \
--o-reads ref-seqs.qza
```

📇 参数解读

a. --p-f-primer　正向引物序列（5′->3′）。

b. --p-r-primer　反向引物序列（5′->3′），不要使用反向互补的引物序列。

c. --p-min-length　最小序列长度。长度低于设定值的序列被丢弃。在修剪和截断后应用，因此请注意修剪可能会影响序列保留。最小长度过滤不能为 0。

d. --p-max-length　最大序列长度。长度超过设定值的序列被丢弃。在修剪和截断之前应用，最大长度过滤不能为 0。

e. --p-n-jobs　进程数量。

🔄 运行界面

```
(qiime2-2022.2) qiime2@qiime2:~/share/Greengene$ time qiime feature-classifier extract-reads \
>    --i-sequences 99_otus.qza \
>    --p-f-primer ACTCCTACGGGAGGCAGCAG \
>    --p-r-primer GGACTACHVGGGTWTCTAAT \
>    --p-min-length 403 \
>    --p-max-length 454 \
>    --p-n-jobs 4 \
>    --o-reads ref-seqs.qza
Saved FeatureData[Sequence] to: ref-seqs.qza
```

输出结果 ref-seqs.qza 为提取的扩增区域。在完成提取扩增区后，一般可以直接进行训练分类器。但由于部分数据库中同时含有细菌和古菌，有时还含有真核生物的特征序列和分类信息，在比对过程中可能会出现菌属比对错误等情况，所以提取单一菌属种类序列及分类信息有助于提高比对的准确度。此步骤可以视测序数据实际情况而定，在处理真菌 ITS 数据时，不需要提取单一菌属。

② 仅保留细菌的代表序列。

🌐 运行命令

```
time qiime taxa filter-seqs \
--i-sequences ref-seqs.qza \
--i-taxonomy 99_otu_taxonomy.qza \
--p-include Bacteria \
```

--o-filtered-sequences ref-seqs-Bacteria. qza

 参数解读

--p-include Bacteria：设置一个或多个搜索词，例如 Bacteria，指示应在结果序列中包含哪些分类单元。

运行界面

```
(qiime2-2022.2) qiime2@qiime2:~/share/Greengene$ time qiime taxa filter-seqs \
>   --i-sequences ref-seqs.qza \
>   --i-taxonomy 99_otu_taxonomy.qza \
>   --p-include Bacteria \
>   --o-filtered-sequences ref-seqs-Bacteria.qza
Saved FeatureData[Sequence] to: ref-seqs-Bacteria.qza
```

知识拓展 ··

RESCRIPt（reference sequence annotation and curation pipeline）是一个用 Python 编写的 QIIME2 插件，用于格式化、管理和操作序列引用数据库。使用之前需要自行安装，输入 conda activate rescript 创建环境，激活环境 conda activate rescript（每次使用该工具时都需要激活环境），安装相关依赖 conda install-c conda-forge-c bioconda-c qiime2-c https：//packages. qiime2. org/qiime2/2023.5/ tested/-c defaults qiime2 q2cli q2templates q2-types q2-longitudinal q2-feature-classifier 'q2-types-genomics＞2023. 2' "pandas＞＝0. 25. 3" xmltodict ncbi-datasets-pylib，下载工具包 pip install git ＋ https：//github. com/bokulich-lab/ RESCRIPt. git，更新缓存并确保最新版本已被加载 qiime dev refresh-cache，最终输入 qiime-help，qiime rescript-help 显示相关信息表明安装成功。

··

③ 仅保留细菌的注释信息。

 运行命令

time qiime rescript filter-taxa \

--i-taxonomy 99_otu_taxonomy. qza \

--m-ids-to-keep-file ref-seqs-Bacteria. qza \

--o-filtered-taxonomy ref-seqs-Bacteria-tax. qza

参数解读

--m-ids-to-keep-file 指要保留的 ID 列表，作为元数据。在包含和排除过滤之后选择这些 ID。

```
(qiime2-2022.2) qiime2@qiime2:~/share/Greengene$ time qiime rescript filter-taxa \
>     --i-taxonomy 99_otu_taxonomy.qza \
>     --m-ids-to-keep-file ref-seqs-Bacteria.qza \
>     --o-filtered-taxonomy ref-seqs-Bacteria-tax.qza
Saved FeatureData[Taxonomy] to: ref-seqs-Bacteria-tax.qza
```

④ 生成 338F-806R 细菌分类器。

🏀 运行命令

time qiime feature-classifier fit-classifier-naive-bayes \

--i-reference-reads ref-seqs-Bacteria. qza \

--i-reference-taxonomy ref-seqs-Bacteria-tax. qza \

--o-classifier classifier-Bacteria. qza

🔄 运行界面

```
(qiime2-2022.2) qiime2@qiime2:~/share/Greengene$ time qiime feature-classifier
fit-classifier-naive-bayes \
>     --i-reference-reads ref-seqs-Bacteria.qza \
>     --i-reference-taxonomy ref-seqs-Bacteria-tax.qza \
>     --o-classifier classifier-Bacteria.qza
Saved TaxonomicClassifier to: classifier-Bacteria.qza
```

2.3.2.2　基于 SILVA 数据库

下载 QIIME2 官网 data-resources 中的 SILVA138 数据库，使用 silva-138-99-seqs. qza 和 silva-138-99-tax. qza 作为参考进行物种注释。

（1）"剔除"低质量序列　默认删除包含 5 个及以上符合 IUPAC 的歧义碱基的序列和任何长度为 8 个及以上碱基的同聚物。

🏀 运行命令

time qiime rescript cull-seqs \

--i-sequences silva-138-99-seqs. qza \

--o-clean-sequences silva-138-99-seqs-cleaned. qza

📋 参数解读

① --i-sequences　输入需要根据简并碱基和均聚物筛选标准筛选去除的序列。

② --o-clean-sequences　输出通过筛选标准的所得序列。

```
(qiime2-2022.2) qiime2@qiime2:~/share$ time qiime rescript cull-seqs \
> --i-sequences silva-138-99-seqs.qza \
> --o-clean-sequences silva-138-99-seqs-cleaned.qza
Saved FeatureData[Sequence] to: silva-138-99-seqs-cleaned.qza

real    20m30.448s
user    18m56.155s
sys     2m5.917s
```

（2）按长度和分类过滤序列 根据参考序列的分类进行差异过滤，去除不符合标准的 rRNA 基因序列，即古细菌（16S）≥900bp、细菌（16S）≥1200bp 和任何真核生物（18S）≥1400bp。

⚙ 运行命令

```
time qiime rescript filter-seqs-length-by-taxon \
    --i-sequences silva-138-99-seqs-cleaned. qza \
    --i-taxonomy silva-138-99-tax. qza \
    --p-labels Archaea Bacteria Eukaryota \
    --p-min-lens 900 1200 1400 \
    --o-filtered-seqs silva-138-99-seqs-filt. qza \
    --o-discarded-seqs silva-138-99-seqs-discard. qza
```

📋 参数解读

① --i-sequences 输入序列。

② --i-taxonomy 输入分类信息。

③ --p-labels 用于条件过滤的一个或多个分类标签。必须输入与 min-lens 或 max-lens 相同数量的标签。

④ --p-min-lens 用于过滤与每个标签关联的序列的最小长度阈值，即在其分类中包含此标签的序列小于指定长度，则将被删除。

⑤ --o-filtered-seqs 输出通过过滤阈值的序列。

⑥ --o-discarded-seqs 输出超出过滤阈值的序列。

🔁 运行界面

```
(qiime2-2022.2) qiime2@qiime2:~/share$ time qiime rescript filter-seqs-length-by-taxon \
>    --i-sequences silva-138-99-seqs-cleaned.qza \
>    --i-taxonomy silva-138-99-tax.qza \
>    --p-labels Archaea Bacteria Eukaryota \
>    --p-min-lens 900 1200 1400 \
>    --o-filtered-seqs silva-138-99-seqs-filt.qza \
>    --o-discarded-seqs silva-138-99-seqs-discard.qza
Saved FeatureData[Sequence] to: silva-138-99-seqs-filt.qza
Saved FeatureData[Sequence] to: silva-138-99-seqs-discard.qza
```

（3）序列和分类的去重复　　SILVA 138 NR99 版本的数据库中可能存在具有相同或不同分类的相同全长序列。这说明在该版本中，可能会出现多个序列被分配到相同的分类单元或者一个序列分配到不同的分类单元。因此需要在下游数据处理之前从数据库中删除冗余序列数据，使用默认的 uniq 方法。

⚫ 运行命令

```
time qiime rescript dereplicate \
    --i-sequences silva-138-99-seqs-filt. qza \
    --i-taxa silva-138-99-tax. qza \
    --p-rank-handles 'silva'\
    --p-mode 'uniq'\
    --o-dereplicated-sequences silva-138-99-seqs-derep-uniq. qza \
    --o-dereplicated-taxa silva-138-99-tax-derep-uniq. qza
```

⚫ 参数解读

① --i-sequences　输入需要去重复的序列。

② --i-taxa　输入需要去重复序列的分类信息。

③ --p-rank-handles　指定用于回填生成的去复制分类中缺少等级的句柄集。默认设置将回填 SILVA 样式的 7 级等级句柄。

④ --p-mode　当序列映射到不同的分类时如何处理去重复。"uniq"将保留所有具有独特分类关系的序列。"lca"将在一个序列的所有分类群中找到最不共同的祖先。"majority"将找到与该序列相关的最常见的分类标签。如果分类信息不矛盾，通常选用注释信息更具体的分类级别。

⚫ 运行界面

```
(qiime2-2022.2) qiime2@qiime2:~/share$ time qiime rescript dereplicate \
>    --i-sequences silva-138-99-seqs-filt.qza \
>    --i-taxa silva-138-99-tax.qza \
>    --p-rank-handles 'silva' \
>    --p-mode 'uniq' \
>    --o-dereplicated-sequences silva-138-99-seqs-derep-uniq.qza \
>    --o-dereplicated-taxa silva-138-99-tax-derep-uniq.qza
Saved FeatureData[Sequence] to: silva-138-99-seqs-derep-uniq.qza
Saved FeatureData[Taxonomy] to: silva-138-99-tax-derep-uniq.qza
```

（4）特异引物分类器构建 338F-806R　　引物为 338F（5'-ACTCCTACGGG AGGCAGCAG-3'）和 806R（5'-GGACTACHVGGGTWTCTAAT-3'）。

① 截取序列。

🌐 运行命令

```
time qiime feature-classifier extract-reads \
  --i-sequences silva-138-99-seqs-derep-uniq. qza \
  --p-f-primer ACTCCTACGGGAGGCAGCAG \
  --p-r-primer GGACTACHVGGGTWTCTAAT \
  --p-n-jobs 2 \
  --p-read-orientation 'forward'\
  --o-reads silva-138-99-seqs-338f-806r. qza
```

🎛 参数解读

a. --p-f-primer　正向引物序列（5′->3′）。

b. --p-r-primer　反向引物序列（5′->3′），不要使用反向互补的引物序列。

c. --p-n-jobs　进程的数量。

d. --p-read-orientation　引物相对于序列的方向，即"forward"在正向序列中搜索引物，"reverse"搜索反向序列，"both"搜索两个方向。

🔄 运行界面

```
(qiime2-2022.2) qiime2@qiime2:~/share$ time qiime feature-classifier extract-reads \
>     --i-sequences silva-138-99-seqs-derep-uniq.qza \
>     --p-f-primer ACTCCTACGGGAGGCAGCAG \
>     --p-r-primer GGACTACHVGGGTWTCTAAT \
>     --p-n-jobs 2 \
>     --p-read-orientation 'forward' \
>     --o-reads silva-138-99-seqs-338f-806r.qza
Saved FeatureData[Sequence] to: silva-138-99-seqs-338f-806r.qza

real    13m27.949s
user    25m3.136s
sys     0m6.653s
```

② 合并重复。

🌐 运行命令

```
time qiime rescript dereplicate \
  --i-sequences silva-138-99-seqs-338f-806r. qza \
  --i-taxa silva-138-99-tax-derep-uniq. qza \
  --p-rank-handles 'silva'\
  --p-mode 'uniq'\
  --o-dereplicated-sequences silva-138-99-seqs-338f-806r-uniq. qza \
  --o-dereplicated-taxa silva-138-99-tax-338f-806r-derep-uniq. qza
```

```
(qiime2-2022.2) qiime2@qiime2:~/share$ time qiime rescript dereplicate \
>    --i-sequences silva-138-99-seqs-338f-806r.qza \
>    --i-taxa silva-138-99-tax-derep-uniq.qza \
>    --p-rank-handles 'silva' \
>    --p-mode 'uniq' \
>    --o-dereplicated-sequences silva-138-99-seqs-338f-806r-uniq.qza \
>    --o-dereplicated-taxa silva-138-99-tax-338f-806r-derep-uniq.qza
Saved FeatureData[Sequence] to: silva-138-99-seqs-338f-806r-uniq.qza
Saved FeatureData[Taxonomy] to: silva-138-99-tax-338f-806r-derep-uniq.qza
```

③ 仅保留细菌的代表序列。

🌐 运行命令

```
time qiime taxa filter-seqs \
   --i-sequences silva-138-99-seqs-338f-806r-uniq. qza \
   --i-taxonomy silva-138-99-tax-338f-806r-derep-uniq. qza \
   --p-include Bacteria \
   --o-filtered-sequences silva-138-99-seqs-338f-806r-Bac. qza
```

🔄 运行界面

```
(qiime2-2022.2) qiime2@qiime2:~/share$ time qiime taxa filter-seqs \
>    --i-sequences silva-138-99-seqs-338f-806r-uniq.qza \
>    --i-taxonomy silva-138-99-tax-338f-806r-derep-uniq.qza \
>    --p-include Bacteria \
>    --o-filtered-sequences silva-138-99-seqs-338f-806r-Bac.qza
Saved FeatureData[Sequence] to: silva-138-99-seqs-338f-806r-Bac.qza

real    1m33.905s
user    1m31.600s
sys     0m2.485s
```

④ 仅保留细菌的注释信息。

🌐 运行命令

```
time qiime rescript filter-taxa \
   --i-taxonomy silva-138-99-tax-338f-806r-derep-uniq. qza \
   --p-include Bacteria \
   --o-filtered-taxonomy silva-138-99-tax-338f-806r-Bac. qza
```

🔄 运行界面

```
(qiime2-2022.2) qiime2@qiime2:~/share$ time qiime rescript filter-taxa \
>    --i-taxonomy silva-138-99-tax-338f-806r-derep-uniq.qza \
>    --p-include Bacteria \
>    --o-filtered-taxonomy silva-138-99-tax-338f-806r-Bac.qza
Saved FeatureData[Taxonomy] to: silva-138-99-tax-338f-806r-Bac.qza
```

⑤ 构建分类器。

注意：本步骤需要较大运行内存，建议在内存为 32GB 的电脑中运行。或者关注公众号"环微分析"，后台回复"物种注释数据库文件"即可获得相关文件。

🌐 运行命令

```
time qiime feature-classifier fit-classifier-naive-bayes \
  --i-reference-reads silva-138-99-seqs-338f-806r-Bac.qza \
  --i-reference-taxonomy silva-138-99-tax-338f-806r-Bac.qza \
  --o-classifier silva-138-99-338f-806r-classifier-Bac.qza
```

🔄 运行界面

```
(qiime2-2022.2) qiime2@qiime2:~/share$ time qiime feature-classifier fit-classifier-naive-bayes \
>   --i-reference-reads silva-138-99-seqs-338f-806r-Bac.qza \
>   --i-reference-taxonomy silva-138-99-tax-338f-806r-Bac.qza \
>   --o-classifier silva-138-99-338f-806r-classifier-Bac.qza
Saved TaxonomicClassifier to: silva-138-99-338f-806r-classifier-Bac.qza

real    56m42.523s
user    55m53.850s
sys     0m40.686s
```

2.3.3 物种组成

接下来，将探索草原样本的物种组成情况。对 FeatureData［Sequence］的序列进行物种注释，使用 Naive Bayes 分类器进行预训练，并通过 q2-feature-classifier 插件裁剪出符合样品制备和测序参数进行（即扩增的引物和测序序列的长度）的训练器。把训练好的分类器应用于序列，生成每条序列的物种注释结果与可视化图形。

2.3.3.1 基于 Greengene 物种注释

（1）物种注释。

🌐 运行命令

```
time qiime feature-classifier classify-sklearn \
  --i-classifier classifier-Bacteria.qza \
  --i-reads dada2-repset-seqs-paired.qza \
  --o-classification taxonomy-Bacteria.qza
```

（2）可视化注释的结果。

🌐 运行命令

```
time qiime metadata tabulate \
```

```
--m-input-file taxonomy-Bacteria. qza \
--o-visualization taxonomy-Bacteria. qzv
```

（3）生成物种丰度柱状图。

 运行命令

```
time qiime taxa barplot \
--i-table dada2-table-paired. qza \
--i-taxonomy taxonomy-Bacteria. qza \
--m-metadata-file metadata. txt \
--o-visualization taxa-bar-plots-Bacteria. qzv
```

（4）查看输出结果。

图 2-24 中包含了每个 OTU 对应的细菌物种信息和分类置信度。分类水平包括界（kingdom），门（phylum），纲（class），目（order），科（family），属（genus），种（species）；分类置信度大部分在 0.98 以上。

Feature ID #q2:types ⬆⬇	Taxon categorical ⬆⬇	Confidence categorical ⬆⬇
0009f3da437d8147c83516ff2bc6d109	k__Bacteria; p__Acidobacteria; c__[Chloracidobacteria]; o__RB41; f__; g__; s__	0.9999999940718851
0010473810d89780c6882ee563561b52	k__Bacteria; p__Actinobacteria; c__Actinobacteria; o__Actinomycetales; f__Propionibacteriaceae; g__Microlunatus; s__	0.9863048600935864
00397e11defdf417d3042d1cbf1bdc33	k__Bacteria; p__Proteobacteria; c__Gammaproteobacteria	0.9995899771205814
003cfb8027c5bd836e53b65ba1314c2a	k__Bacteria; p__Actinobacteria; c__Actinobacteria; o__Actinomycetales; f__Micromonosporaceae	0.9999958230273926
00757c00f2fb71c14d13bebf53986515	k__Bacteria; p__Proteobacteria; c__Betaproteobacteria; o__; f__; g__; s__	0.9984718167453063
0079d0bcd80df1d0698c23183efc9ac3	k__Bacteria; p__Proteobacteria; c__Deltaproteobacteria; o__Syntrophobacterales; f__Syntrophobacteraceae; g__; s__	0.9997197729148464
00817529662cf197cb19f70e37569e07	k__Bacteria; p__Proteobacteria; c__Deltaproteobacteria; o__[Entotheonellales]; f__[Entotheonellaceae]; g__; s__	0.9999999999588169
0086479d84f10b2c54592bd8435c0756	k__Bacteria; p__Actinobacteria; c__Thermoleophilia; o__Gaiellales; f__Gaiellaceae; g__; s__	0.9999993473570183
00c214f8e0c76f4220c1ae6e06ddeb8b	k__Bacteria; p__Acidobacteria; c__[Chloracidobacteria]; o__RB41; f__; g__; s__	0.9999999992242863
00c44e03f13d42cf4e311ccda8cecf83	k__Bacteria; p__SBR1093; c__; o__; f__; g__; s__	0.9994658808246176
00e379ab2a6abd80d39a1e94c69ed77c	k__Bacteria; p__Acidobacteria; c__Acidobacteria-6; o__iii1-15; f__; g__; s__	0.9905957639242219
00e92cd725e7891fe68693fce365c8ea	k__Bacteria; p__Acidobacteria; c__Solibacteres; o__Solibacterales; f__; g__; s__	0.9997952170427793

图 2-24 物种注释结果可视化

根据分类学分析结果，可以得知一个或多个样品在各分类学水平上的物种组成情况，反映不同样品在各分类学水平上的群落结构。taxa-bar-plots-bacterica.qzv（图 2-25）文件中可切换不同分类级别、选择 10 余种配色方案；切换排序类型和升降序方向。同时每个条形图可鼠标悬停查看数据。横坐标代表样本，纵坐标代表物种比例。同一种颜色代表相同的类别。图中的每根不同颜色柱子所占比例大小表示该样本在不同级别（门、纲、目等）序列数目的情况，序列数目只统计当前级别分类。

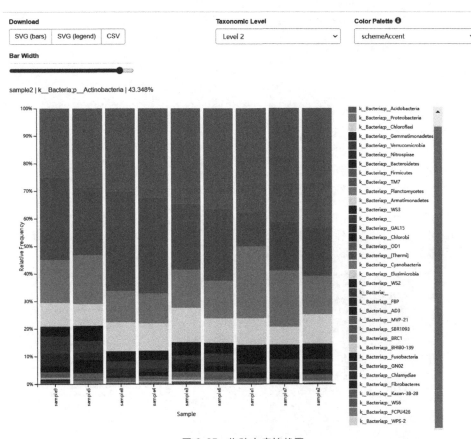

图 2-25　物种丰度柱状图

2.3.3.2　基于 SILVA 物种注释

（1）物种注释。

 运行命令

```
time qiime feature-classifier classify-sklearn \
```

```
--i-classifier silva-138-99-338f-806r-classifier-Bac. qza \
--i-reads dada2-repset-seqs-paired. qza \
--o-classification taxonomy-Bacteria-silva. qza
```

（2）可视化注释的结果。

 运行命令

```
time qiime metadata tabulate \
  --m-input-file taxonomy-Bacteria-silva. qza \
  --o-visualization taxonomy-Bacteria-silva. qzv
```

（3）生成物种丰度柱状图。

 运行命令

```
time qiime taxa barplot \
  --i-table dada2-table-paired. qza \
  --i-taxonomy taxonomy-Bacteria-silva. qza \
  --m-metadata-file metadata. txt \
  --o-visualization taxa-bar-plots-Bacteria-silva. qzv
```

（4）查看输出结果。

图 2-26 显示了每个样本在各分类学水平上的物种组成情况，包括界、门、纲、

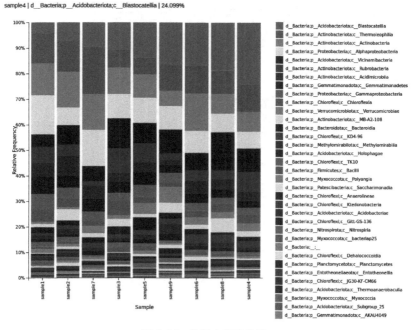

图 2-26　物种丰度柱状图

目、科、属六个水平，相比于 Geengene 数据库，SILVA 数据库的注释结果更为丰富，下面的分析过程都采用 SILVA 数据库注释出的物种丰度表和物种注释表进行演示。

2.4 小结

本章对扩增子高通量分析平台进行了详细介绍，展示了从平台搭建到扩增子分析再到输出结果数据的完整流程。需要注意的是扩增子分析流程（图 2-27），即应用 QIIME2 软件中的一系列插件对序列进行处理，去噪获得 ASV 特征表和代表性序列，之后采用特异性训练分类器作为参考数据库进行物种注释，获得每条代表序列的物种注释信息（物种注释表）和丰度信息（物种丰度表）。因此，这四个文件是下游分析的重要依据，是扩增子分析流程与其他分析软件相衔接的桥梁。

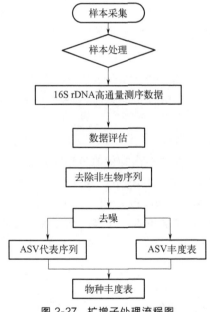

图 2-27 扩增子处理流程图

第**3**章

微生物多样性分析

微生物无处不在，是地球上最多样化的生物。据估计，全球有超过 10^{30} 个微生物，并且占据着最初被认为没有生命的栖息地。理论上来说，微生物是生态系统中最重要的生物，它们是一系列生态过程和功能的支持者，也是生物地球化学循环的重要驱动者，对生态系统的影响非常深远。微生物多样性一直是微生态研究的热点，对探究微生物与环境的关系、开发环境治理技术和微生物资源利用手段有重要的理论价值和现实意义。近几年，随着分子生物学的发展，尤其是高通量测序技术的研发及应用，为微生物分子生态学的研究策略注入了新力量。基于微生物扩增子分析流程生成的特征表的下游分析非常多样，其中 Alpha 多样性和 Beta 多样性等方法已被广泛使用。

Alpha 多样性与 Beta 多样性均来源于生态学，可以理解为两个不同空间尺度的多样性度量。Alpha 多样性一般指生境内物种的多样性程度，而 Beta 多样性侧重于对不同生境的多样性进行比较。两者共同构成了总体多样性或一定环境群落的生物异质性。Alpha 多样性包括 Chao1、Observed_species、Goods_coverage、Shannon、Simpson 等指数，综合考量生态系统的丰富度与多样性。Beta 多样性分析通常从计算环境样品间的距离矩阵开始，该矩阵包含任意两个样品间的距离，然后通过主坐标分析（principal coordinates analysis，PCoA）、主成分分析（principal component analysis，PCA）、非度量多维尺度分析（non-metric multidimensional scaling，NMDS）、聚类分析（clustering analysis）、相似性分析（analysis of similarities，ANOSIM）等方法分解群落结构，并通过样本排序（ordination）来观察样本之间的差异。

3.1 PAST 软件

微生物多样性分析有许多平台可以实现，常规办公软件 Microsoft Excel 就能直接处理数据与计算多样性指数；R 与 QIIME2 一样，能够实现多样性指数计算和数据可视化；还有一些在线分析平台，将数据上载网页即可进行在线分析。本节应用小巧实用的统计学软件 PAST（paleontological statistics）进行微生物多样性分析。PAST 是1995 年由 P. D. Ryan、D. A. T. Harper 和 J. S. Whalley 开发的 PALSTAT 软件的升级版，软件最初的开发是为了进行古生物学数据分析，随着软件的不断更新，目前已经成为了一个综合性的统计学分析软件，不仅适用于古生物学的研究，也同样适用于生命科学、地球科学、工程学和经济学等领域的数据分析和处理。

PAST 软件的主界面类似一个 Excel 表格（图 3-1），只需将数据导入软件，选择相应分析标签，即可快速获得各种统计学分析的结果。PAST 几乎可以完成所有的统计学分析，包括差异性检验、相关性分析、能效分析、生存分析、富集分析、排序分析、聚类分析、回归模型预测、生物群落多样性分析、时间序列统计学分析等。PAST 也能够绘制基本图形，如散点图、折线图、条形图、饼图、气泡图、三元相图等。本章应用 PAST4.09 软件的 Multivariate 和 Diversity 模块实现 Alpha多样性分析和 Beta 多样性分析。

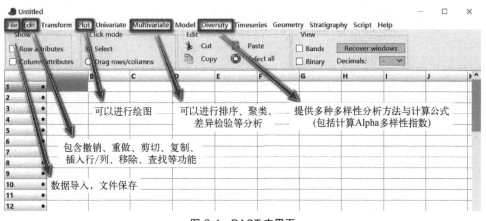

图 3-1 PAST 主界面

3.2 Alpha 多样性

Alpha 多样性（alpha diversity）也被称为生境内的多样性（within-habitat diversity），主要指某一栖息地或微生物群落在物种水平上数目和频率的分布差异（特征），包含物种丰富度（species richness）和物种均匀度（species evenness）。丰度（abundance）是一个物种对应的个体数量，在计算中，使用物种对应的序列数表示。丰富度（richness）是一个群落内物种的数量，与物种丰度无关。均匀度

（envenness）是样本内物种个体数量的一致程度，所有物种的个体数相等，即丰度相等时最均匀。除此之外，Alpha 多样性的度量指数有很多，包括 Chao1 index、ACE index、Shannon index（香农指数）和 Simpson index（辛普森指数）。

3.2.1　数据导入

使用 PAST 软件进行 Alpha 多样性分析，需要使用扩增子分析流程输出的 ASV 表 feature-table.txt 作为初始文件，具体路径为 E：\qiimeshare\exported-feature-table\feature-table.txt。在操作前先将 feature-table.txt 另存副本 Alpha.txt，基于 Alpha.txt 修改。推荐使用 Excel 修改纯文本文件。

（1）将 Alpha.txt 文件整理保存（图 3-2），第一列为 ASV 名称，第一行为样本名称。

	A	B	C	D	E	F	G	H	I	J
1		sample1	sample2	sample3	sample4	sample5	sample6	sample7	sample8	sample9
2	69c6670eac407712dff9e575ed6b95d4	78	90	317	407	304	107	39	131	59
3	6e7604ec6f61c2fee0d97a8d8b3d057d	238	35	78	81	148	155	235	114	310
4	e7fe410af2ac77a0456f787c6e0a4251	43	103	75	249	143	183	88	272	73
5	01a70c9e7120d2e57d489deb1f05789b	195	220	205	180	54	66	50	36	39
6	0c457766cb8f9280f31e57ac199585d7	116	171	285	133	43	55	53	109	55
7	d50f31dd1440ad9557ca1f01fdb95354	50	116	148	170	43	84	35	156	57
8	0381730cf884cc76ae77a744193c207c	22	12	23	97	53	30	88	158	319
9	3d7e80d08b8acfd6a604545496e29636	99	66	218	103	162	56	0	58	24
10	5044e688a0b01f0217bb73948ab9cc21	61	52	61	98	57	51	106	138	113
11	9375445360775045532c58ea9c118c82	55	62	81	96	86	95	95	81	46
12	f7f304664dddd3e8b3c3be217507c9bd	89	0	52	135	29	109	92	78	74
13	48234d3a3e3617cc89464430f4932167	73	39	190	147	93	0	0	89	17
14	dc367720df5c1ae8d78019dc83dd2e0b	70	29	26	63	108	139	58	60	78
15	fcb5b8c55e6982ccb775944712f06a27	0	15	13	209	68	95	39	111	50
16	cc385cf2e9d02b66afb4bb341adefb6a	94	0	0	213	134	12	22	93	18
17	9550cfe24a231dd19efce5863b1d8307	32	0	0	207	76	97	41	127	0
18	4551833a112a552931262525f545cb57	149	86	106	54	45	0	84	42	0
19	ffaa1a4b60cab46579fa9ad40c92a0a6	95	87	99	152	0	0	26	107	0
20	5ed84bd03b448df039cd8a6bc73012a7	101	0	67	173	73	86	0	49	0
21	14506f05d0146119e6e4bf4df97141a8	0	0	0	53	48	91	130	47	171
22	c4afc221b13a8229f2f0a2993e047835	141	0	69	15	0	0	28	83	196

图 3-2　Alpha 多样性分析导入数据格式

（2）打开 PAST 软件，点击 "File" > "Open"，选择目标文件 Alpha.txt。

（3）弹出 "Import text file" 提示框，Rows contain 选择 "Name，data"、Columns contain 选择 "Name，data"，Separator 选择 "Tab"，点击 "Import" 即可导入成功（图 3-3）。对于 Separator 的选择，如果是制表符分隔的文件（例如 *.txt），选择 Tab；如果是逗号分隔的 csv 文件，选择 Comma；如果是空格分隔的文件，则选择 Whitespace。此处，Alpha.txt 文件为制表符分隔的文件，所以选择 Tab。

3.2.2　计算多样性指数

多样性指数是物种丰富度和均匀度的函数，是用来描述一个群落的多样性的统计量。在分析比较不同群落的物种多样性时，可根据研究者需求采用不同指数。多

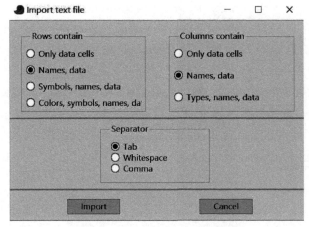

图 3-3　PAST 导入文件类型选择

样性指数是以数学公式描述群落结构特征与分析群落物种多样性特征的简单方法。在调查生物群落的种类及其数量之后，选定多样性公式，就可计算反映群落结构的多样性指数。在 PAST 软件中，Diversity 板块下的 Diversity indices 选项可以用于计算群落的 Alpha 多样性指数。

实际操作如下。

（1）计算多样性指数（图 3-4）。使用快捷键"Ctrl ＋ A"全选数据，点击"Diversity" ＞ "Diversity indices"即可完成所有内置 Alpha 多样性指数的计算。

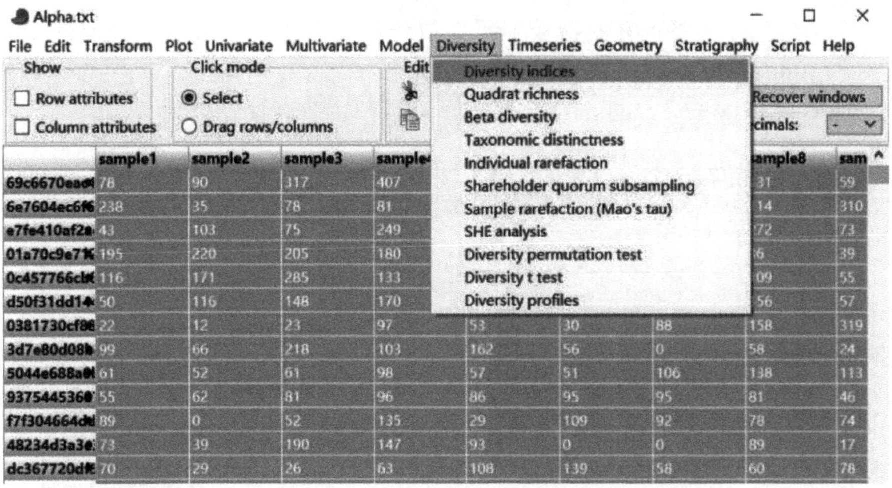

图 3-4　计算 Alpha 多样性指数

（2）查看"Numbers"选项卡（图 3-5）。多样性分析结果，第一列为不同的多样性指数，第一行为样本名称，中间数据为丰度矩阵。输出结果主要包括 Taxa

S（ASV 数量）；Individuals（总序列数量）；Dominance_D（优势度指数），区间[0,1]，0 表示样品中所有的物种丰度相同，1 表示样品被一个单一物种完全占据；Simpson_1-D 与 Dominance_D 意义相同，存在 Simpson＝1-Dominance 关系；Shannon_H（香农指数），0 表示样品仅包含一个物种，数值越大表示样品包含的物种越多，且物种丰度分布越均匀；Evenness（均一性指数）数值越大表示样品中物种分布越均匀；使用总物种丰富度指数 Chao1 估计样品中总的物种数量。点击下方的“Copy”可复制结果到 Excel 软件，方便保存与作图。

	sample1	sample2	sample3	sample4	sample5	sample6	sample7	sample8	sample9
Taxa_S	801	860	969	937	742	765	691	855	1113
Individuals	18783	19821	23808	24491	17375	18666	18085	22305	28800
Dominance_D	0.00237	0.002028	0.002072	0.002292	0.002639	0.002261	0.002491	0.002091	0.001887
Simpson_1-D	0.9976	0.998	0.9979	0.9977	0.9974	0.9977	0.9975	0.9979	0.9981
Shannon_H	6.382	6.485	6.556	6.502	6.296	6.364	6.269	6.465	6.67
Evenness_e^H/S	0.7377	0.7616	0.726	0.711	0.7308	0.7591	0.7639	0.7509	0.7086
Brillouin	6.261	6.361	6.44	6.391	6.175	6.247	6.158	6.354	6.56
Menhinick	5.845	6.109	6.28	5.987	5.629	5.599	5.138	5.725	6.558
Margalef	81.29	86.82	96.05	92.62	75.9	77.69	70.39	85.29	108.3
Equitability_J	0.9545	0.9597	0.9534	0.9502	0.9525	0.9585	0.9588	0.9576	0.9509
Fisher_alpha	169.9	183.3	203	193.2	157.4	160.6	142.4	176.4	230.1
Berger-Parker	0.01267	0.0111	0.01331	0.01662	0.0175	0.009804	0.01299	0.01219	0.01108
Chao-1	801.5	860.1	972.1	937.3	742.8	765	691.5	855.7	1118
iChao-1	801.8	860.3	973.9	937.6	743.4	765	692.1	856.1	1121
ACE	801.6	860.3	970.2	937.4	742.7	765	691.4	855.6	1114

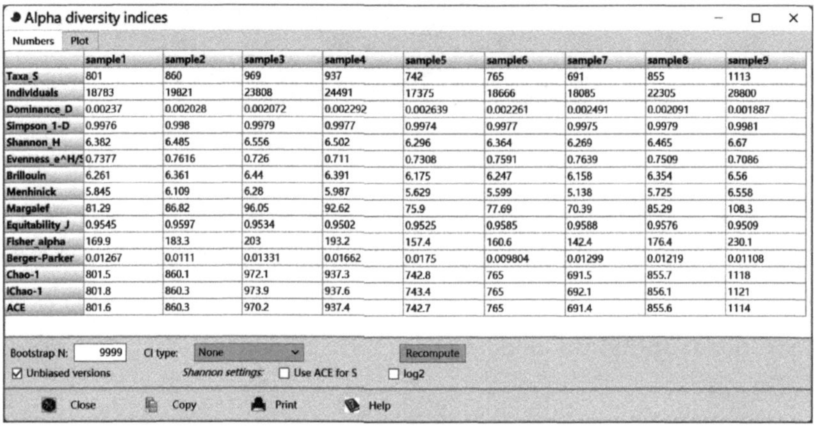

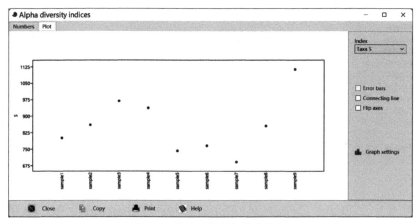

图 3-5　多样性指数计算结果

(3) 查看“Plot”选项卡（图 3-6）。该栏中会给出各种不同指数的散点图。在“Index”选框选择想要查看的指数即可获取统计数据可视化散点图。勾选“Error bars”、“Connecting line”或“Flip axes”选择不同可视化样式，点击“Graph settings”设置图片格式。点击“Copy”或“Print”可复制保存图片。

图 3-6　样本多样性指数散点图

3.2.3 Alpha 多样性指数

3.2.3.1 Chao1 指数

Chao1 指数由 Chao 最早提出，用 Chao1 算法估计样品中的物种数目，在生态学中常用来估计物种总数。总物种丰富度的估算公式，无偏差矫正版本见式(3-1)：

$$S_{\text{Chao1}} = S + \left(\frac{n-1}{n}\right)\frac{F_1^2}{2F_2} \tag{3-1}$$

式中，S_{Chao1} 是 Chao1 算法估计的总物种丰富度；S 是观测到的物种数目 (number of taxa)；n 是物种总数 (total number of individuals)；F_1 是丰度为 1 的物种数目 (number of singleton species)；F_2 是丰度为 2 的物种数目 (number of doubleton species)。如果 $F_2 = 0$，使用式(3-2)：

$$S_{\text{Chao1}} = S + \left(\frac{n-1}{n}\right)\frac{F_1(F_1-1)}{2} \tag{3-2}$$

当选择偏差校正法时，软件选择 "Unbiased" 选项，使用式(3-3)：

$$S_{\text{Chao1}} = S + \left(\frac{n-1}{n}\right)\frac{F_1(F_1-1)}{2(F_2+1)} \tag{3-3}$$

iChao1 算法是 "改进的" Chao1 估计值，也考虑到 F_3（丰度为 3 的物种数目）和 F_4（丰度为 4 的物种数目），使用式(3-4)：

$$S_{\text{iChao1}} = S_{\text{Chao1}} + \frac{n-3}{4n}\frac{F_3}{F_4} \times \max\left[F_1 - \frac{n-3}{2(n-1)}\frac{F_2 F_3}{F_4}, 0\right] \tag{3-4}$$

如果 $F_4 = 0$，使用 $F_4 = 1$ 来避免被零除。如果基于 OTU/ASV 表分析多样性，通常可以认为 OTU 是物种，群落的每个个体是一条序列。

3.2.3.2 ACE 指数

ACE 指数由 Chao 提出，是通过丰度的覆盖率来估计群落中物种数目的指数，是生态学中估计物种总数的常用指数之一，与 Chao1 的算法不同。ACE 指数计算公式见式(3-5)～式(3-7)：

$$C_{\text{ACE}} = 1 - \frac{F_1}{n_{\text{rare}}} \tag{3-5}$$

$$\gamma_{\text{ACE}}^2 = \max\left[\frac{S_{\text{rare}}}{C_{\text{ACE}}}\frac{\sum\limits_{k=1}^{10} k(k-1)F_k}{n_{\text{rare}}(n_{\text{rare}}-1)} - 1, 0\right] \tag{3-6}$$

$$S_{\text{ACE}} = S_{\text{abund}} + \frac{S_{\text{rare}}}{C_{\text{ACE}}} + \frac{F_1}{C_{\text{ACE}}}\gamma_{\text{ACE}}^2 \tag{3-7}$$

式中，C_{ACE} 是样本覆盖度的估计值；F_1 是丰度为 1 的物种数目；n_{rare} 是 S_{rare} 中的个体数量；γ^2_{ACE} 是稀有物种的变异系数；F_k 是丰度为 k 的物种数目；$S = S_{rare} + S_{abund}$；S_{rare} 是丰度≤10 且不为 0 的物种数目，即稀有物种；S_{ACE} 是基于覆盖度估计的丰度；S_{abund} 是丰度＞10 的物种数目。

3.2.3.3 Shannon 指数

香农（Shannon）指数常用来估算样品中微生物多样性，是一个综合考虑物种数量和总个体数量的多样性指数。Shannon 值越大，说明群落多样性越高。在众多具有少量个体的样本中，群落只有一个物种的情况下，Shannon＝0；物种数量增大，Shannon 也不断增大。Shannon 指数计算公式见式(3-8)。如果 PAST4.09 软件选择 "Unbiased" 选项，则用偏差校正 H_u 计算 H，偏差校正计算公式见式(3-9)：

$$H = -\sum_i \frac{n_i}{n} \ln \frac{n_i}{n} \tag{3-8}$$

$$H_u = H + (S-1)/(2n) \tag{3-9}$$

式中，H 是样本香农指数的估计值；H_u 是经偏差校正后的香浓指数值；n_i 是丰度为 i 的物种数目；n 是样本中所有的序列数（丰度总和）。

如果选择了 "Unbiased" 和 "Use ACE for S" 选项，则在偏差校正中使用 ACE 物种丰富度估计值而不是 S，这与 Shannon 指数的偏差修正 MLE（MLE_bc）估计量相对应。如果选择 "log2" 选项，则 Shannon 指数体现为以 2 为底的对数。

3.2.3.4 Simpson 指数

辛普森（Simpson）指数又称优势度（Dominance）指数，由 Edward Hugh Simpson 提出，在生态学中常用来定量描述一个区域的生物多样性。在文献中，Dominance 和 Simpson 经常互换使用，但是二者的关系是 Simpson＝1−Dominance，看到 Dominance 或 Simpson 时一定要确认具体计算公式，避免得出错误结果。Simpson 指数越大，表明群落多样性越低。当所有物种在样本中平均分布时，Simpson＝1，Dominance＝0；当一个物种占据整个样本时，Simpson＝0，Dominance＝1。Dominance 指数计算公式见式(3-10)，如果选择偏差校正计算 Dominance 则见式(3-11)。

$$D = \sum_i \left(\frac{n_i}{n}\right)^2 \tag{3-10}$$

$$D = \frac{\sum_i n_i(n_i - 1)}{n(n-1)} \tag{3-11}$$

式中，n_i 是丰度为 i 的物种数目；n 是样本中所有的序列数（丰度总和）。

3. 3 稀释曲线

稀释曲线（rarefaction curve）通常是从样本中随机抽取一定数量的序列，统计抽取序列所代表物种数目（OTUs 或 ASVs），并以个体数与物种数来构建的曲线。在稀释曲线图中，当稀释曲线趋向平坦时，说明测序数据量足够大，可以覆盖绝大部分 ASV。因此，稀释曲线可以用来评估样本的物种丰富度，也可以用来判断测序深度是否合理。

实际操作如下。

（1）绘制稀释曲线。使用数据文件 Alpha.txt，快捷键"Ctrl＋A"全选数据，点击"Diversity"＞"Individual rarefaction"即可绘制样品的稀疏曲线。

（2）查看"Plot"选项卡（图 3-7）。横坐标为抽样深度，纵坐标为物种数，随着测序深度的增加，微生物群落的细菌种类稀释曲线达到饱和阶段，这表明样本的全部物种都被检测到。下图中稀疏曲线最终都变得平坦，在采样深度大于 12000 时，大部分样本都达到了饱和状态。当曲线趋向平坦时，表明更多的测序量只能发现少量新 ASV。可以在"Sample"选框选择目标样本，在"95％ confidence"选框选择置信条件。

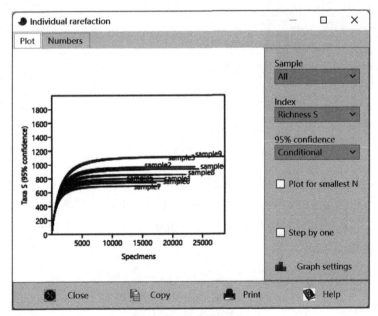

图 3-7　样本稀释曲线

（3）查看"Numbers"选项卡（图3-8）。该栏为随机抽取的结果。第一行为样本名称，第一列为个体抽取量，中间数据为物种（ASV）丰度矩阵。点击"Copy"可以将结果复制到Excel软件中，使用R或Origin进行绘图。间隔100个序列个体依次进行抽样，如选项"None"下的数据表，sample1抽到18601个个体时，ASVs已经被全部覆盖，sample5则在17201个时饱和。

● Individual rarefaction

Plot　Numbers

None

Samp size	sample1	sample2	sample3	sample4	sample5	sample6	sample7	sample8	sample9
17101	800.551	859.545	965.632	934.74	741.918	764.943	690.821	853.475	1106.72
17201	800.583	859.57	965.709	934.801	741.949	764.951	690.84	853.521	1106.83
17301	800.615	859.594	965.785	934.861		764.958	690.86	853.565	1106.95
17401	800.646	859.617	965.86	934.92		764.964	690.879	853.609	1107.06
17501	800.676	859.639	965.934	934.977		764.97	690.898	853.652	1107.17
17601	800.705	859.661	966.007	935.033		764.975	690.916	853.694	1107.27
17701	800.734	859.682	966.078	935.088		764.98	690.934	853.735	1107.38
17801	800.761	859.702	966.148	935.141		764.984	690.952	853.776	1107.48
17901	800.789	859.722	966.217	935.194		764.987	690.969	853.815	1107.58
18001	800.815	859.741	966.285	935.245		764.991		853.854	1107.68
18101	800.841	859.76	966.351	935.295		764.993		853.892	1107.78
18201	800.866	859.778	966.417	935.344		764.995		853.93	1107.87
18301	800.891	859.795	966.482	935.392		764.997		853.967	1107.97
18401	800.914	859.812	966.546	935.439		764.999		854.003	1108.06
18501	800.938	859.829	966.608	935.485		764.999		854.038	1108.15
18601	800.96	859.844	966.67	935.53				854.073	1108.24
18701		859.86	966.731	935.574				854.107	1108.33
18801		859.875	966.791	935.617				854.14	1108.41
18901		859.889	966.85	935.659				854.173	1108.5
19001		859.903	966.908	935.7				854.205	1108.58
19101		859.916	966.965	935.74				854.237	1108.66
19201		859.929	967.022	935.78				854.268	1108.74
19301		859.942	967.078	935.818				854.298	1108.82
19401		859.954	967.133	935.856				854.328	1108.9
19501		859.966	967.187	935.893				854.358	1108.97
19601		859.977	967.24	935.929				854.386	1109.05
19701		859.988	967.293	935.964				854.415	1109.12
19801			967.345	935.998				854.442	1109.19

图3-8　绘制稀释曲线抽样数据

（4）计算公式。标准误差（重采样方差的平方根）由程序给出，在稀疏曲线随机抽取的"One-sigma"或者"Two-sigma"选项结果中，标准误差被转换为95%的置信区间。样本量为n的样本中的预期物种数$E(S_n)$和方差$V(S_n)$参考式(3-12)与式(3-13)：

$$E(S_n) = \sum_{i=1}^{s} \left[1 - \frac{\binom{N - N_i}{n}}{\binom{N}{n}} \right] \tag{3-12}$$

$$V(S_n) = \sum_{i=1}^{s} \left[\frac{\binom{N-N_i}{n}}{\binom{N}{n}} \left(1 - \frac{\binom{N-N_i}{n}}{\binom{N}{n}} \right) \right] +$$

$$2\sum_{j=2}^{s}\sum_{i=1}^{j-1} \left[\frac{\binom{N-N_i-N_j}{n}}{\binom{N}{n}} - \frac{\binom{N-N_i}{n}\binom{N-N_j}{n}}{\binom{N}{n}\binom{N}{n}} \right] \tag{3-13}$$

式中，N 为样本总数；S 为物种总数；N_i 为物种 i 的个体数。

3.4 Beta 多样性

Beta 多样性（beta diversity）是指沿环境梯度下不同生境群落之间物种组成的相异性或物种沿环境梯度的更替速率，也被称为生境间的多样性（between-habitat diversity）。不同群落之间或某环境梯度上的共有物种越少，Beta 多样性越大。Beta 多样性能够用来指示不同生境被物种隔离的程度和比较不同生境的群落多样性。Beta 多样性分析通常从计算环境样本间的距离矩阵开始，对群落数据结构进行分解，并通过对样本进行排序（ordination），从而观测样本之间的差异。常用的距离矩阵加权算法有 Bray-Curtis、abund_jaccard、Euclidean 和 Weighted Unifrac，非加权算法有 Jaccard 和 Unweightde Unifrac。非加权算法主要比较物种的有无，如果两个群体的 Beta 多样性越小，则说明两个群体的物种组成越相似。加权算法则同时考虑物种有无和物种丰度两个层面。Bray-Curtis 距离基于物种的丰度信息计算，是生态学上反应群落之间差异性的常用指标之一。Weighted Unifrac 距离在计算样品距离的同时考虑各样品中微生物的进化关系和物种的相对丰度。Bray-Curtis 和 Weighted Unifrac 距离对丰度较高的物种更加敏感。Unweighted Unifrac 则只考虑物种的有无，忽略物种间的相对丰度差异，对稀有物种比较敏感。

基于以上的距离矩阵对样本进行排序，进一步从结果中挖掘样品间微生物群落结构的差异和不同分类对样品差异的解释程度。常见的排序方法包括主成分分析、主坐标分析、非度量多维排列（non-metric multidimensional scaling，NMDS）和非加权组平均聚类分析（unweighted pair-group method with arithmetic means，UPGMA）等。

3.4.1 数据导入

使用 PAST 软件进行 Beta 多样性分析，类似于 Alpha 多样性分析的数据处理过程，将 feature-table.txt 另存副本文件 Beta.txt 并基于 Beta.txt 进行修改。

（1）将 Beta.txt 文件整理保存（图 3-9），第一列为样本名称，第一行为 ASV 名称。将处理好的 Alpha.txt 文件数据转置即是 Beta 多样性分析所需数据格式。

	A	B	C	D	E	F	G	H	I	J	K	L	M	N
1		69c6670ea	6e7604ec6	e7fe410af2	01a70c9e7	0c457766c	d50f31dd1	0381730cft	3d7e80d08	5044e688a	937544536	f7f304664c	48234d3a3	dc367720d
2	sample1	78	238	43	195	116	50	27	99	61	55	89	73	70
3	sample2	90	35	103	220	171	116	12	66	52	62	0	39	29
4	sample3	317	78	75	205	285	148	23	218	61	81	52	190	26
5	sample4	407	81	249	180	133	170	97	103	98	96	135	147	63
6	sample5	304	148	143	54	43	43	53	162	57	86	29	93	108
7	sample6	107	155	183	66	55	84	30	56	51	95	109	0	139
8	sample7	39	235	88	50	53	35	88	0	106	95	92	0	58
9	sample8	131	114	272	36	109	156	158	58	138	81	78	89	60
10	sample9	59	310	73	39	55	57	319	24	113	46	74	17	78

图 3-9　Beta 多样性分析导入数据格式

（2）打开 PAST 软件，点击 "File" > "Open"，选择目标文件 Beta.txt。

（3）弹出 "Import text file" 提示框，Rows contain 选择 "Name, data"、Columns contain 选择 "Name, data"，Separator 选择 "Tab"，点击 "Import" 即可导入成功。

3.4.2　距离矩阵

距离矩阵（distance matrix）是一组中两点之间距离的矩阵，也称为二维数组；若给定 N 个欧几里得空间中的点，其距离矩阵就是由非负实数组成的 $N \times N$ 的对称矩阵；有时候距离矩阵也被称作相似性矩阵。在生物信息学中，距离矩阵可以用来表示序列空间中任意两个序列之间的距离。

（1）计算样本间距离（图 3-10）。使用快捷键 "Ctrl＋A" 全选数据，点击 "Multivariate" > "Similarity and distance indices" 计算给定数据的距离矩阵。

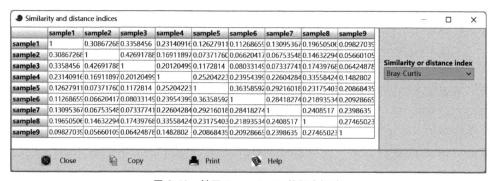

图 3-10　基于 Bray_Curtis 的距离矩阵

（2）矩阵算法。PAST 包含 26 种算法，可以在 "Similarity or distance index" 选项下选择算法，常见算法见下。

① Euclidean 为基本的欧式距离，是欧几里得空间中两点间的直线距离。

② Chord 为矢量标准化的欧式距离，通常用于丰度数据。

③ Bray-Curtis 常用于计算丰度数据的相似性，距离取值范围由 0 到 1，0 代表两个群落的物种类型和丰度完全一致，1 代表两个群落不共享任何物种。因为 Bray-Curtis 是一个非对称指数，可有效忽略双零，所以它适用于群落物种数据分析。除此之外，Bray-Curtis 相异度是生态学中用来衡量不同样地物种组成的数量特征，比如多度、盖度和重要值等。另外一个优点是兼顾样本中物种有无与不同物种的相对丰度。

④ Correlation 为 1-Pearson 相关系数。

⑤ Rho 为 1-Spearman 相关系数。

⑥ Jaccard 用于比较有限样本集之间的相似性与差异性。Jaccard 系数值越大，样本相似度越高。

3.4.3 UPGMA 聚类分析

层次聚类（hierarchical clustering）分析方法以等级树的形式展示样本间的相似度，通过聚类树的分枝长度衡量聚类效果的好坏。与 MDS 分析相同，聚类分析可以采用任何距离评价样本之间的相似度。常用的聚类分析方法包括非加权组平均法（unweighted pair-group method with arithmetic means，UPGMA）、单一连接法（single-linkage clustering）、完全连接法（complete-linkage clustering）和平均连接法（average-linkage clustering）等。为了深入地了解不同样本微生物群落的相似性，通常分别基于 Weighted Unifrac 距离矩阵和 Unweighted Unifrac 距离矩阵对样品进行 UPGMA 聚类分析，并将聚类结果与各样品的物种（ASV）丰度整合展示。

实际操作如下。

（1）聚类分析。使用快捷键 "Ctrl＋A" 全选数据，点击 "Multivariate" ＞ "Clustering" ＞ "Classical" 选项进行层次聚类分析。Classical 选项对样品进行分层聚类分析，以系统树图的形式展示（图 3-11）。

（2）右侧 "Algorithm" 选项可以选择建树算法。包括非加权组平均法、单一连接法、完全连接法和平均连接法。

（3）右侧 "Similarity index" 选项卡可以选择建树相似系数（距离矩阵）。距离类型主要包括 Euclidean、Chord、Bray-Curtis、Correlation、Rho 和 Jaccard 等。

（4）如果需要对样本进行重采样，在 "Boot N" 编号框填写对应值，例如 999，点击 "Compute"，重新计算。

（5）选择 "Algorithm" 选项为 UPGMA，"Similarity index" 选项为 Bray-

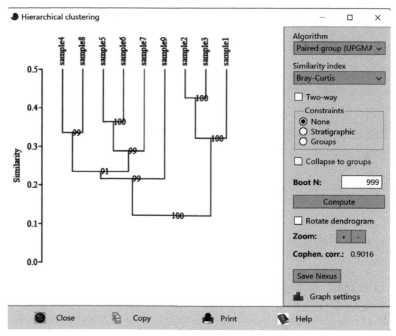

图 3-11 聚类分析

Curtis，即基于 Bray-Curtis 距离 UPGMA 聚类分析。点击"Graph settings"进行图形的调整，调整完毕之后点击"Picture"导出图形，保存图形为 svg 格式，方便后期导入 AI 进行美化。

根据聚类树状图（图 3-12），最上方的刻度尺代表相对距离，分支节点上的数字表示该分支的置信度，数值越大表明分支越可靠。9 个样本聚类为两大主分支，

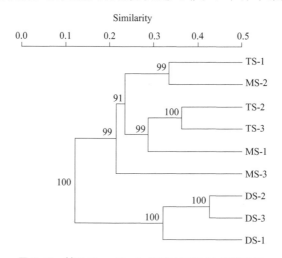

图 3-12　基于 Bray-Curtis 距离 UPGMA 聚类分析

第一个类别对应 DS-1、DS-2、DS-3；第二个类别对应 MS-1、MS-2、MS-3、TS-1、TS-2、TS-3。可见，样本聚类效果 DS＞TS＞MS。DS 组三个样本可以很好地聚到一起，表明 DS 组样本的微生物群落结构与其他分组差别较大，能够与其他分组完全区分开，同时表明 DS 组样本间差异性小，说明在该生境下群落结构比较稳定。TS 组和 MS 组的样本聚类于同一分支，说明 TS 组和 MS 组样本的组间差异性小，群落结构存在较大的相似度。综上，DS 组样本相比于 TS 组和 MS 组，可能存在较多的特有物种，或者具有较多的丰度差异较大的共有物种。

3.4.4 群落差异检验

Beta 多样性分析通常从计算环境样本间的距离矩阵开始，再对群落数据结构进行分解，并通过对样本进行排序（ordination），从而观测样本之间的差异。然而，观测到的样本间差异是否具有统计学意义还需要进一步检验。常见的差异检验方法有相似性分析（ANOSIM）与置换多元方差分析（PERMANOVA），二者均直接基于距离矩阵进行计算而不依赖于某种降维方法，用于判断不同分组间的样本群落是否具有显著性差异。譬如，对扩增子测序或宏基因组测序获取的物种丰度数据降维可视化分析（PCA/NMDS/PCoA）后，会存在不同组间样本区分不明显的现象，ANOSIM 与 PERMANOVA 能帮助检验不同分组的样本中心点或分布特征是否相同，进而判断差异是否具有显著性。本节重点介绍应用 PAST 软件实现微生物群落差异检验。

3.4.4.1 样本分组

进行差异检验使用数据文件 Beta.txt，但是要先进行样本分组，sample1、sample2 和 sample3 属于 DS 组，sample4、sample5 和 sample6 属于 TS 组，sample7、sample8 和 sample9 属于 MS 组，在本书第 1 章表 1-3 中有详细描述。

实际操作如下。

（1）添加新列。选中第一列，选择"Edit"＞"Insert more columns"，弹出新对话框 Insert more columns，在"Number of columns："框格输入数字"1"，点击"OK"即可添加新列 c1。

（2）填写分组信息。按照分组情况填充 c1 列，sample1、sample2、sample3 为 DS，sample4、sample5、sample6 为 TS，sample7、sample8、sample9 为 MS。

（3）调整列类型为分组列（图 3-13）。勾选"Column attributes"，出现"Type"行和"Name"行，点击 c1 列的 Type 单元格，出现下拉菜单，选择"Group"。取消勾选"Column attributes"，隐藏"Type"行和"Name"行，c1 列头出现符号 G，表示此列是分组信息列。

	c1	69c6670eac4	6e7604ec6f6	e7fe410af2a	01a70c9e712	0c457766cbt	d50f31dd14	0381730cf88	3d7e80d08b	5044e688a0l	9375445360	f7f304664dd
sample1	DS	78	238	43	195	116	50	22	99	61	55	89
sample2	DS	90	35	103	220	171	116	12	66	52	62	0
sample3	DS	317	78	75	205	285	148	23	218	61	81	52
sample4	TS	407	81	249	180	133	170	97	103	98	96	135
sample5	TS	304	148	143	54	43	43	53	162	57	86	29
sample6	TS	107	155	183	66	55	84	30	56	51	95	109
sample7	MS	39	235	88	50	53	35	88	0	106	95	92
sample8	MS	131	114	272	36	109	156	158	58	138	81	78
sample9	MS	59	310	73	39	55	57	319	24	113	46	74

图 3-13　设置分组信息列

（4）设置分组颜色和符号（图 3-14）。使用快捷键"Ctrl＋A"全选数据，选择"Edit"＞"Row colors/symbols"，弹出 Row colors/symbols 对话框；根据"Group"列，点击"Color"列和"Symbol"列的单元格，出现下拉菜单，分别设置每组的颜色和符号；设置完毕后，点击"Close"退出，分组设置完成。行名称（样品编号）后面出现不同颜色的相同符号，不同的符号有助于区分后续统计分析与可视化结果。

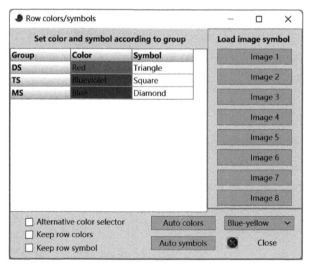

图 3-14　分组设置

3.4.4.2　ANOSIM

相似性分析（analysis of similarities，ANOSIM）是一种两组或多组组间显著性差异的非参数检验方法，可以基于任何距离度量，并将距离转换成秩。ANO-SIM 通过检验组间的差异是否显著大于组内差异，判断预设分组是否合理与有意义，包括 One-way ANOSIM 和 Two-way ANOSIM。本案例采用 One-way ANO-SIM 比较不同组样品之间是否存在显著差异，此算法基于距离计算样品的相似性。

（1）相似性分析。选择目标数据后，点击 "Multivariate" > "Tests" > "One-way ANOSIM"，弹出 "One-way ANOSIM" 对话框。

（2）查看 "Summary" 选项卡（图 3-15）。Permutation N 表示排序重复次数（N）；Mean rank within 表示组内所有距离的平均秩（r_w）；Mean rank between 表示组间所有距离的平均秩（r_b）；R 正值（≤1）表示组间的差异大小；$p < 0.05$ 代表组间具有显著性差异。在右侧 "Similarity index" 选项卡可以选择不同的距离矩阵进行计算，基于 Bray-Curtis 距离矩阵是常用计算方法之一；"Permutation N" 选项可以修改排序重复次数；修改后点击 "Recompute" 进行重新计算。

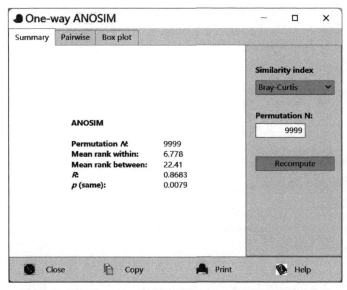

图 3-15　基于 Bray-Curtis 距离的 One-way ANOSIM 检验结果

检验结果有两个重要的数值，即 R 值与 p 值。R 值可以判断组间与组内比较的差异大小，p 值可以判断组间与组内的差异是否显著。R 值实际范围是（-1，1），但一般介于（0，1）。$R > 0$，说明组间存在差异，一般 $R > 0.75$ 为大差异；$R > 0.5$ 为中等差异；$R > 0.25$ 为小差异；R 等于 0 或在 0 附近，说明组间没有差异；$R < 0$ 表示组内差异显著大于组间差异（极小概率），出现这种情况的概率极小，这种情况说明实验采样或者分组出现严重错误，需要重新设计实验。检验统计量 R 计算公式：

$$R = \frac{r_b - r_w}{N(N-1)/4} \tag{3-14}$$

式中，N 表示排序重复次数；r_w 表示组内所有距离的平均秩；r_b 表示组间所有距离的平均秩。

（3）查看"Pairwise"选项卡（图3-16）。查看不同组间两两比较的结果。

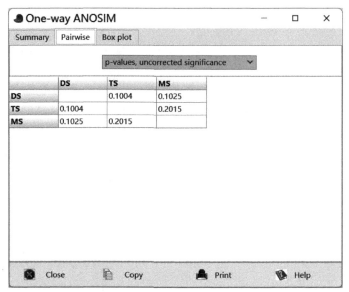

图 3-16　不同组间两两比较的结果

（4）查看"Box plot"选项卡（图3-17）。以箱线图展示了组内和组间不同样品的距离差异。

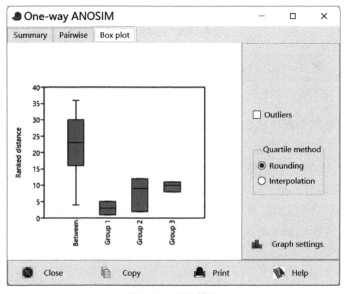

图 3-17　距离差异

3.4.4.3 PERMANOVA

置换多元方差分析（permutational multivariate analysis of variance，PER-MANOVA），又称非参数多因素方差分析（nonparametric multivariate analysis of variance，NPMANOVA），是一种基于任何距离度量的两组或多组之间显著性差异的非参数检验。置换多元方差分析的本质是利用距离矩阵对总方差进行分解，分析不同分组因素或不同环境因子对样品差异的解释度，并使用置换检验对各个变量解释的统计学意义进行显著性分析，包括 One-way PERMANOVA 和 Two-way PERMANOVA。本案例采用 One-way PERMANOVA 方法比较不同组样品之间是否存在显著差异。

（1）置换多元方差分析。选择待分析数据后，点击"Multivariate">"Tests">"One-way PERMANOVA"，弹出 One-way PERMANOVA 对话框。

（2）查看"Summary"选项卡。Permutation N 表示排序重复次数（N）；Total sum of squares 表示所有距离平方和；Within-group sum of squares 表示组内距离平方和；F 表示组间的差异大小，$p<0.05$ 代表不同组间具有显著性差异。在右侧"Similarity index"选项卡可以选择不同的距离矩阵进行计算，选用 Bray-Curtis 距离；"Permutation N"选项卡修改排序重复次数；修改后点击"Recompute"进行重新计算。

PERMANOVA 计算一个 F 值，类似于方差分析。实际上，对于单变量数据集和欧氏距离矩阵，PERMANOVA 等效于方差分析并给出相同的 F 值。

所有距离平方和（total sum of squares）计算公式：

$$SS_T = \sum_i (x_i - \overline{x})^2 \tag{3-15}$$

式中，SS_T 为所有距离平方和的估计值；x_i 为组中的因子。
组内距离平方和（within-group sum of squares）计算公式：

$$SS_{wg} = \sum_{g_1} \sum_{g_2} \sum_i (x_i - \overline{x}_{g_1 g_2})^2 \tag{3-16}$$

式中，SS_{wg} 为组内距离平方和的估计值；x_i 分别为第 1 因素组 g_1 和第 2 因素组 g_2 中的数值，并在同一组组合内取均值。

（3）查看"Pairwise"选项卡（图 3-18）。查看不同组间两两比较的结果。

3.4.5 排序分析

排序分析（ordination analysis）是生态学中研究群落的一大类多元分析手段，将某个地区调查的不同环境（site）以及所对应的物种组成（species），按照相似度

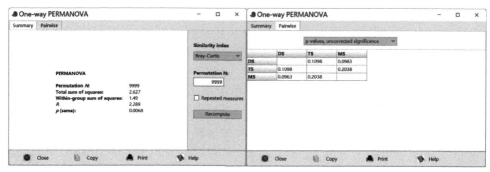

图 3-18　基于 Bray-Curtis 距离的所有样本与组间两两比较的 One-way PERMANOVA 检验结果

或距离对环境在排序轴上（ordination axes）进行排序，将其表示为沿一个或多个排序轴排列的点，从而分析各个环境（或物种）与环境因子之间的关系。排序的最终目的是把多维空间压缩到低维空间（如二维或三维），并尽量减少降维损失的信息量，环境或物种按其相似关系重新排列，有利于数据可视化与增强理解性。同时，通过统计手段检验排序轴是否能真正代表环境因子的梯度。目前，排序分析被广泛应用于微生物组（microbiome）研究，是扩增子数据群落 Beta 多样性分析的关键步骤。

仅用物种数据的排序算法称为非限制性排序（unconstrained ordination），常见非限制性排序包括 PCA、PCoA 和 NMDS。对高维生物数据排序分析后，可能存在组间样本区分不明显的现象，组间群落差异是否具有显著性仍然需要进一步考证。常用的差异检验方法有 ANOSIM 与 PERMANOVA，ANOSIM 本质是基于排名的算法，与 NMDS 的配合效果最好。PCoA 分析推荐使用 PERMANOVA 检验。常见非限制性排序方法汇总参考表 3-1。

表 3-1　非限制性排序方法总结

项目	PCA	PCoA	NMDS
输入数据	物种丰度表	距离矩阵	距离矩阵
主要应用	Beta 多样性,使用低维空间展示样本间菌群结构差异		
降维依据	物种丰度	距离数值	距离数值的排名
模型评估指标	轴解释率	轴解释率	Stress 值
坐标轴是否有权重意义	是	是	否
统计检验方法	无	PERMANOVA	ANOSIM

排序分析使用 Beta.txt 数据文件，导入数据，添加样本分组信息（图 3-19）。详情参考 3.4.1 数据导入和 3.4.4.1 样本分组。

	c1	69c6670eac4	6e7604ec6f6	e7fe410af2a	01a70c9e712	0c457766cb8	d50f31dd14	0381730cf88	3d7e80d08b	5044e6
sample1 △	DS	78	238	43	195	116	50	22	99	61
sample2 △	DS	90	35	103	220	171	116	12	66	52
sample3 △	DS	317	78	75	205	285	148	23	218	61
sample4 □	TS	407	81	249	180	133	170	97	103	98
sample5 □	TS	304	148	143	54	43	43	53	162	57
sample6 □	TS	107	155	183	66	55	84	30	56	51
sample7 ◇	MS	39	235	88	50	53	35	88	0	106
sample8 ◇	MS	131	114	272	36	109	156	158	58	138
sample9 ◇	MS	59	310	73	39	55	57	319	24	113

图 3-19　数据文件 Beta. txt 样本分组实例

3.4.5.1　主成分分析（PCA）

主成分分析（principal component analysis，PCA）是一种非约束性的数据降维方法，常用于大数据集降维。PCA 基于 Euclidean（欧式距离）运用方差分解寻找造成样本间差异的主成分（特征值）及其贡献率。PCA 分析能够从原始数据中提取样本间最主要的差异特征，并根据这些差异特征将样本在新的低维坐标系中依次排序，使得样本在新坐标系中的距离远近能在最大程度上还原样本间的实际差异。在排序的过程中，每一坐标轴对原始数据中样本差异的解释比例依次下降，通常选取 PCA 分析得到的前二维（PC1 和 PC2）或三维（PC1、PC2 和 PC3）数据作图。PCA 属于线性模型，假设物种丰度对环境变量的变化产生线性变化的响应，使用范围较为有限。自然环境微生物对环境的响应通常为单峰/非线性模型，因为自然环境取样通常波动较大，所以 PCA 不适用于物种丰度波动大或环境梯度变化大的样本。

实际操作如下。

（1）PCA 分析。选择目标数据，点击"Multivariate"＞"Ordination"＞"Principal components（PCA）"，弹出 Principal components analysis 对话框。通过对多变量的线性组合得到假定的新变量，将多维数据集降维成数个主成分。

（2）查看"Summary"选项卡（图 3-20）。查看降维结果，包括前 8 个主成分。Eigenvalue 列给出了由对应的特征向量（成分）解释的方差的度量；% variance 列为成分的方差解释率，从大到小排列。第一个或前两个主成分的方差解释率越大，表明排序降维效果越好。

① 当所有变量单位一致时，"Matrix"选项选择"Variance-covariance"；当变量单位不一致时，选择"Correlation"，"normalized var-covar"即使用除法对所有变量进行标准化。

② "Groups"选项默认选择"Disregard"，当输入数据包含分组信息时，可以选择"Within-group"进行组内分析或选择"Between-group"进行组间分析。在组内 PCA 中，在特征分析之前减去每组内的平均值，从本质上消除组间差异。在

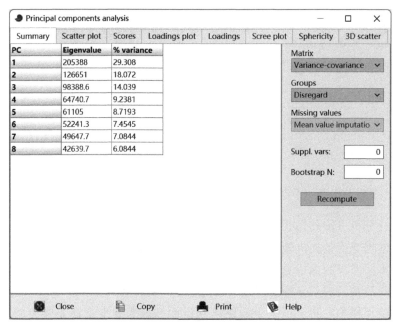

图 3-20　PCA 各轴解释率

组间 PCA 中，特征分析是对组平均值进行的，即分析的项目是组。对于组内和组间 PCA，PC scores 均使用原始数据的向量积计算。

③ 缺失值"Missing values"选项选择"Mean value imputation"，该方法以列的平均数代替缺失值 Missing value，不是很推荐此方法；或者选择"Iterative value imputation"迭代计算方法，该方法首先以列平均数代替缺失值 Missing value，然后使用原始数据初始 PC 运行来计算缺失数据的回归值，迭代此过程直到收敛，此方法是首选方法，但有可能导致高估主成分解释率。

④ 如果在"Bootstrap N"选项中填入数字（例如 1000），The bootstrapped components 被重新排序和反转，以增加与原始轴的对应关系，则提供特征值变化比例的 95% 置信区间。

（3）查看"Scatter plot"选项卡（图 3-21）。查看 PCA 可视化结果，散点图显示了在两个成分给出的坐标系中绘制的所有数据点；如果有分组，可以用 concentration ellipses 或 convex hulls 进行强调；最小生成树（minimal spanning tree）是连接所有点的可能的最短线集，可以作为分组点的视觉辅助，最小生成树基于原始数据点的欧氏距离度量，当所有变量单位相同时意义最大；勾选"Biplot"选项显示原始轴（变量）在散点图上的投影；推荐勾选"Eigenvalue scale"选项使用特征值的平方根缩放每个轴。

（4）查看"Scores"选项卡。显示使用具有原始数据的向量积计算的各样品的PCA 评分（图 3-22）。

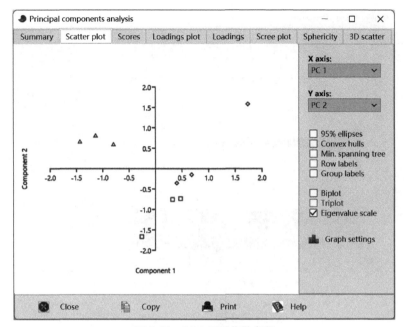

图 3-21　PCA 可视化散点图

	PC 1	PC 2	PC 3	PC 4	PC 5	PC 6	PC 7	PC 8
sample1	-0.79677	0.59639	-0.2667	-0.76422	1.686	-1.5539	-0.4285	-0.15696
sample2	-1.1333	0.81063	-0.28367	-0.19807	-0.74779	0.43998	1.7237	-1.1515
sample3	-1.4306	0.66394	0.30765	0.86747	-0.50669	0.72982	-1.182	1.2609
sample4	-0.25467	-1.6641	1.4059	0.28973	1.1154	0.69288	0.70032	0.043646
sample5	0.32264	-0.75839	-0.83343	1.2723	-0.26006	-0.17278	-1.1184	-1.6644
sample6	0.47352	-0.73636	-1.1624	0.57872	-0.53142	-1.0518	1.0422	1.4777
sample7	0.68006	-0.1459	-1.2298	-1.4863	0.35403	1.5847	-0.43428	0.28404
sample8	0.40237	-0.35193	1.2457	-1.3336	-1.5563	-0.83857	-0.59085	-0.14349
sample9	1.7368	1.5857	0.8168	0.77401	0.44684	0.16967	0.2878	0.050006

图 3-22　各样品的 PCA 评分

（5）查看"Loadings plot"选项卡（图 3-23）。显示各个原始变量与不同主成分的相关性，沿 x 轴以原始顺序给出。当尝试解释主成分的"含义"时，主成分荷载（component loadings）非常重要。勾选"Cofficients"选项提供 PC 系数，勾选"Correlation"选项给出变量与 PC 分数的相关性。"Loadings"选项卡则展现具体数值。

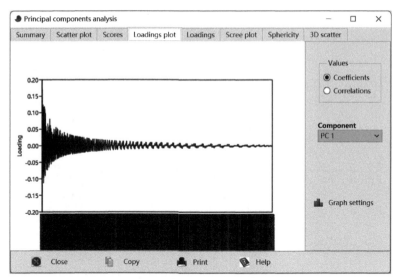

图 3-23　原始变量与不同主成分的相关性

（6）查看"Scree plot"选项卡（图 3-24）。显示了主成分的解释率，当曲线开始变平后，这些主成分可以被认为是不重要的。勾选"Broken stick"选项，在随机模型下将所期望的特征值可选地绘制出来，在曲线下的特征值可能代表不显著的成分。

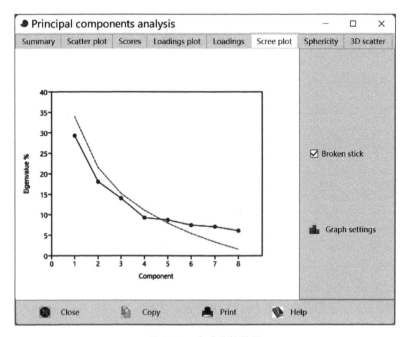

图 3-24　主成分的数量

（7）导出"Scatter plot"选项卡下的图形（图3-25）。

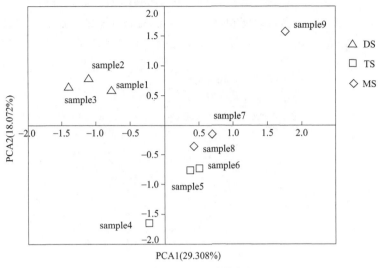

图 3-25　PCA 样本排序图

在 PCA 图中每一个图标代表一个样本，相同颜色/形状的样本来自同一个分组。同组样本之间的距离远近体现不同样本的相似性，不同组样本的总体距离反映组间群落差异大小。同一自然环境下采集的样本往往聚集在一起，不同自然环境的样本往往离散分布。PC1 与 PC2 轴的总解释度越高，说明模型效果越好。根据 PCA 分析结果，sample1、sample2 和 sample3 的聚类效果好，表明 DS 组组内差异较小且能够与其他组样本很好区分开。TS 组 sample5、sample6 与 MS 组 sample7、sample8 较好地聚类，但是 TS 组样本 sample4 与 MS 组样本 sample9 距离 sample5、sample6、sample7、sample8 较远，表明 TS 组与 MS 组微生物群落结构具有较大的相似性，但是在空间尺度上都具有较大变化。

3.4.5.2　主坐标分析（PCoA）

主坐标分析（principal coordinate analysis，PCoA）是一种经典的 MDS 分析方法，该算法来自 Davis，与 PCA 最大的差别是 PCoA 可以基于除欧式距离以外的其他距离尺度评价样本之间的相似度。PCoA 通过对样本距离矩阵作降维分解，从而简化数据结构，展现样本在某种特定距离尺度下的自然分布。调用除欧式距离以外的其他距离矩阵，对 OTU 水平的群落组成结构进行 PCoA 分析，并以二维或三维图像描述样本间的自然分布特征。

实际操作如下。

（1）PCoA 分析。选择目标数据，点击"Multivariate" > "Ordination" > "Principal coordinates（PCoA）"，弹出 Principal coordinates analysis 对话框。

（2）查看"Summary"选项卡（图 3-26）。展现了 9 个坐标轴对应的特征值及其解释率；"Similarity index"选项选择使用 Bray-Curtis 距离进行计算；"Transformation exponent"选项可以将相似度/距离值提高到 c 的幂次（"变换指数"），默认为 $c=2$，较高的值（4 或 6）可能会降低"马蹄形"效应。

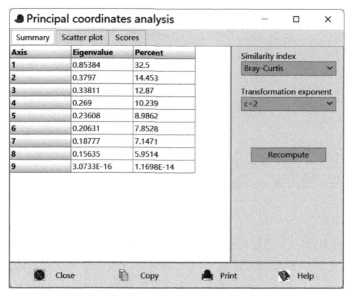

图 3-26　基于 Bray-Curtis 的 PCoA 各轴解释率

（3）查看"Scatter plot"选项卡。展示了根据选定 coordinates1 和 coordinates2 的坐标轴输出的可视化结果，右侧选项和图像解释与 PCA 分析"Scatter plot"选项卡下的内容基本一致，详情见 3.4.5.1 主成分分析的第（3）点。

（4）查看"Scores"选项卡（图 3-27）。展示了样本与各个坐标轴对应的分数值，即绘图数据。

Principal coordinates analysis — □ ×

Summary　Scatter plot　Scores

	Coord 1	Coord 2	Coord 3	Coord 4	Coord 5	Coord 6	Coord 7	Coord 8	Coord 9
sample1	0.33229	-0.0047906	0.010488	0.21704	0.36379	-0.020933	0.046782	-0.038939	0
sample2	0.46625	-0.0011406	-0.14211	-0.059955	-0.18397	0.10507	-0.019711	-0.23799	0
sample3	0.44471	-0.035281	-0.079886	-0.095269	-0.094422	-0.089846	0.009586	0.28623	0
sample4	-0.019934	-0.096	0.4016	-0.0058762	-0.026123	0.050277	-0.2642	0.0044211	0
sample5	-0.27322	-0.25112	-0.087674	-0.13364	0.029937	-0.31379	-0.0020429	-0.10093	0
sample6	-0.30299	-0.24986	-0.10761	-0.1403	0.093078	0.29166	0.084611	0.059155	0
sample7	-0.2887	-0.027865	-0.095933	0.39482	-0.20078	-0.00036353	0.018173	0.039571	0
sample8	-0.096004	0.23023	0.29197	-0.080217	-0.06235	-0.026078	0.28674	-0.027353	0
sample9	-0.26239	0.43582	-0.19085	-0.096597	0.080832	0.0040001	-0.15994	0.015832	0

Close　Copy　Print　Help

图 3-27　各个坐标轴对应的分数值

（5）导出"Scatter plot"选项卡下的图，编辑美化（图3-28）。

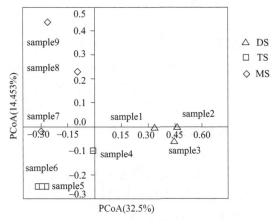

图 3-28　基于 Bray-Curtis 距离的 PCoA 排序图

PCoA 图中每一个形状代表一个样本，相同颜色/形状的样本来自同一个分组。两个样本之间距离越近，表明两者的群落构成差异越小，PCoA1 与 PCoA2 的总解释率越大，模型效果越好。PCoA1 轴是区分所有样品的第一主坐标轴，可以解释所有样品中的 32.5% 总差异；PCoA2 轴是区分所有样品的第二主坐标轴，可以解释所有样品中的 14.453% 总差异。DS 组样本能够较好聚集且与其他样本较好区分开，表明 DS 组内样本差异较小且与其他组样本差异较大。sample5 与 sample6 很好地聚类在一起，但是 TS 样本 sample4 距离 sample5 与 sample6 较远，表明 sample4 在群落结构上与 sample5、sample6 存在较大差异。MS 组 sample7、sample8、sample9 的任意两个样本的差异都较大，表明草原草地土壤的微生物群落结构在空间尺度上变化较大。PERMANOVA 检验得到 $p=0.0068$（<0.01），说明不同类型草原的细菌组成差异极显著。

3.4.5.3　非度量多维尺度分析（NMDS）

非度量多维尺度分析（non-metricmulti-dimensional scaling，NMDS）使用样本距离矩阵进行排序分析，与 PCoA 不同的是，NMDS 不再依赖特征根和特征向量的计算，而是通过对样本距离进行等级排序，使样本在低维空间中的排序尽可能符合彼此之间的距离远近关系而非确切的距离数值，弱化了距离矩阵实际数值的依赖，更加强调数值间的排名（rank）。NMDS 主要应用于微生物群落研究的样本关系分析和菌群结构的差异分析。NMDS 不受样本距离的数值影响，仅考虑彼此之间的大小关系，是非线性模型，对于结构复杂的数据的排序结果可能更稳定。在 NMDS 结果中，同组样本点距离远近说明了样本的重复性强弱，不同组样本的远近则反映了组间样本距离在秩次（数据排名）上的差异，即图形上样本信息仅反映样本间数据秩次信息的远近而不反映真实的数值差异，横纵坐标轴并无权重意义。NMDS 整体降维效果由 Stress 值进行判断。

实际操作如下。

（1）NMDS 分析。选择目标数据，点击"Multivariate"＞"Ordination"＞"Non-metric MDS"，弹出 Non-metric Multidimensional Scaling 对话框。

（2）查看"Scatter plot"选项卡（图 3-29）。"Similarity index"选项选择"Bray-Curtis"，点击"Compute"重新计算。欧氏距离（Euclidean distance）不满足 NMDS 的要求，因为该算法会将丰富度相同的不同群落认定为相似的，忽略物种完全不同的可能性。一般选择 Bray-curtis 距离进行 NMDS 分析，Bray-curtis 距离不受数据单位的影响，不受添加/删除群落中不存在的物种的影响，不受添加一个新群落的影响，能在相对丰度相同条件下识别总丰度差异。NMDS 图形坐标轴的刻度是相对相似性和距离，即具体数值没有意义，数值之间的比例更能说明问题。

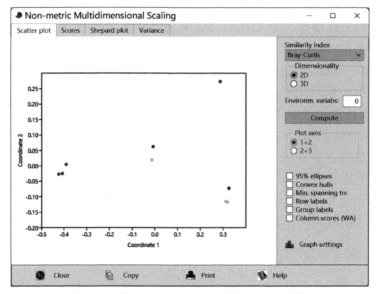

图 3-29　基于 Bray-curtis 距离进行 NMDS 分析

（3）查看"Scores"选项卡（图 3-30）。展示了样本与各个坐标轴对应的分数值。

（4）查看"Shepard plot"选项卡（图 3-31）。右侧显示 Stress＝0.08818，通过 Stress 值判断该图形是否能准确反映数据排序的真实分布。Stress＜0.05 说明降维效果优异，0.05＜Stress＜0.1 说明降维效果良好，一般要求 Stress 值小于 0.1。第一轴 Axis 1 能够解释样本总差异的 80.41%，第二轴 Axis 2 能够解释样本总差异的 7.501%，前两轴总解释率为 87.911%，表明降维效果良好。

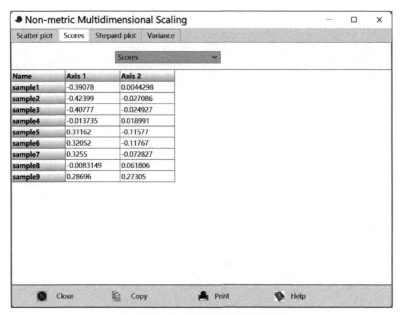

图 3-30　各个坐标轴对应的分数值

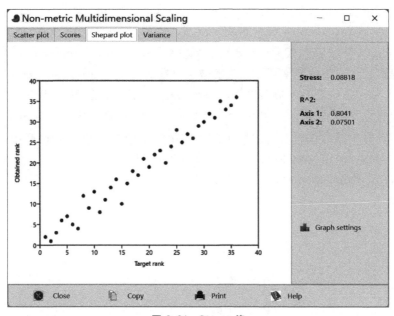

图 3-31　Stress 值

（5）导出"Scatter plot"选项卡的图片，编辑美化（图 3-32）。

NMDS 图中的每一个图标代表一个样本，相同颜色/形状的样本来自同一个分组。两个样本之间距离越近，表明两者的群落构成差异越小。根据 NMDS 分析结

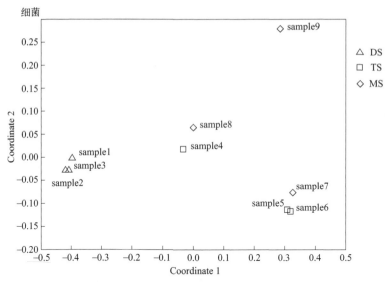

图 3-32　基于 Bray-curtis 距离的 NMDS 分析

果，sample1、sample2 和 sample3 的聚类效果非常好，可见 DS 组组内差异较小且能够与其他组样本很好区分开。sample5 与 sample6 很好地聚类在一起，但是 TS 样本 sample4 距离 sample5 与 sample6 较远，表明 sample4 在群落结构上与 sample5、sample6 存在较大差异。MS 组 sample7、sample8、sample9 的任意两个样本的差异都较大，表明草甸草原土壤的微生物群落结构在空间尺度上变化较大，与 TS 组样本相似度较高。一般条件下，当 Stress<0.2 时，表明 NMDS 二维点图有一定的解释意义；当 Stress<0.1 时，表明是一个好的排序结果；当 Stress<0.05 时，表明具有很好的代表性。由图可知，细菌群落数据降维效果良好，聚集程度 DS>TS>MS。使用 ANOSIM 对三组样本检验得到 $p=0.0079$（<0.01），说明三种类型草原的细菌群落结构组成差异极显著。

第4章

微生物群落结构及差异分析

    微生物群落结构是指群落内各种微生物在时间和空间上的配置情况，是决定微生物生态功能特性和群落稳定性的重要因素。群落结构与多样性是紧密联系在一起的，特定的群落会有对应的组成，群落组成在环境微生物中是多样的，三者的区别是角度不同。研究特定环境下的微生物群落结构及其动态变化，能够了解群落有多少个物种、每个物种有多少个体、哪些物种是优势种、哪些是稀有物种等基础信息，对优化群落结构、调节群落功能和探明新的微生物功能类群有重要作用。本章介绍和采用多种图形可视化的手段将草原土壤微生物细菌丰度数据直观地展现出来，并通过统计检验检测出在三种类型草原中丰度发生变化的微生物。

4.1 群落结构

    目前基于标记基因测序获得的序列大部分可以注释到属水平，较少部分注释到种水平。第 2 章分析获得的物种注释表列出了所有样本的物种种类，物种丰度表包含了各样本物种种类与丰度，包括界、门、纲、目、科、属、种七个分类水平。通常情况下，仅在单个分类水平上分析单样本或多样本的微生物群落结构特征，但是物种丰度表往往是高维数据矩阵（数十行或更多），不能直观地反映微生物群落结构。因此，采用数据可视化手段提取高维数据的关键信息并直观地展示，备受研究者的青睐。本章使用常用的微生物群落结构可视化方法，包括百分比堆积柱状图、热图（heatmap）、韦恩图（venn）和样本-物种丰度关联 Circos 弦装图，对草原土壤微生物数据进行可视化，通过图形直观地表示不同类型草原的群落组成特征。

4.1.1 百分比堆积柱状图

本节重点讲解使用 Origin 2019 软件应用百分比堆积柱状图实现微生物群落结构可视化。百分比堆积柱状图作为常用的微生物群落结构可视化图表，展现各样本中不同物种的占比情况，即各样本中物种总（相对）丰度为 100%。使用门分类水平的物种丰度表绘制物种组成百分比堆积柱状图，快速了解三种类型草原的微生物群落结构。实际操作如下。

4.1.1.1 准备数据

（1）选用门水平物种丰度表。在 QIIME2 共享文件夹下，解压缩物种丰度可视化文件 taxa-bar-plots-Bacteria-silva. qzv，找到文件 taxa-bar-plots-Bacteria-silva＞12ff008a-3314 -4eeb-9e8e-9700787c92b8（解压文件名可能不同）＞ data ＞ level-2. csv（门水平数据）；使用 Office Excel 软件打开 level-2. csv；因为 csv 格式文件不能添加和保存新工作表，兼容性也没有 xlsx 格式文件强，所以将 level-2. csv 另存为 level-2. xlsx；打开 level-2. xlsx 文件，点击界面底部加号 "＋" 新建工作表并命名为 "堆积柱状图"；复制 level-2 工作表内容，转置粘贴到 "堆积柱状图" 工作表，注意删除表格最下方的四行数据文件分组信息（图 4-1）。

▲	A	B	C	D	E	F	G	H	I	J
1	index	sample1	sample2	sample3	sample4	sample5	sample6	sample7	sample8	sample9
2	d_Bacteria;p_Actinobacteriota	7008	8447	8029	7848	4948	6805	7418	6669	7140
3	d_Bacteria;p_Proteobacteriota	4048	2182	2968	2236	2508	2211	3214	2162	3747
4	d_Bacteria;p_Acidobacteriota	2323	3495	5721	8577	4284	4880	3238	8074	8683
5	d_Bacteria;p_Verrucomicrobiota	160	167	340	748	732	539	498	560	1783
6	d_Bacteria;p_Gemmatimonadota	1311	1109	1135	811	938	725	955	811	1030
7	d_Bacteria;p_Chloroflexi	1838	2102	2999	2416	1387	1698	1158	2323	2456
8	d_Bacteria;p_Methylomirabilota	269	451	292	227	278	214	253	430	1056
9	d_Bacteria;p_Firmicutes	177	201	397	146	331	233	60	241	122
10	d_Bacteria;p_Bacteroidota	422	382	724	429	888	395	391	197	693
11	d_Bacteria;p_Planctomycetota	63	90	257	184	118	102	68	28	123
12	d_Bacteria;	91	169	47	77	110	103	140	169	100
13	d_Bacteria;p_Myxococcota	666	440	400	314	309	136	209	199	417
14	d_Bacteria;p_Nitrospirota	115	104	59	58	167	90	173	153	274
15	d_Bacteria;p_Entotheonellaeota	122	55	83	50	147	91	22	38	65
16	d_Bacteria;p_Patescibacteria	54	209	56	176	173	309	102	96	472
17	d_Bacteria;p_RCP2-54	27	30	26	0	0	8	43	15	57
18	d_Bacteria;p_GAL15	6	0	0	3	0	0	4	33	121
19	d_Bacteria;p_NB1-j	0	0	0	9	0	7	33	21	52
20	d_Bacteria;p_Latescibacterota	0	36	12	18	3	7	34	23	198
21	d_Bacteria;p_Deinococcota	0	6	71	0	0	0	0	0	0
22	d_Bacteria;p_Armatimonadota	9	84	132	78	17	50	3	35	64
23	d_Bacteria;p_Desulfobacterota	19	6	0	0	0	0	31	0	59
24	d_Bacteria;p_Elusimicrobiota	14	0	0	20	0	20	0	0	15
25	d_Bacteria;p_MBNT15	3	13	8	19	0	0	0	0	13
26	d_Bacteria;p_Bdellovibrionota	12	35	0	6	30	0	22	0	0
27	d_Bacteria;p_FCPU426	0	0	0	0	3	0	0	0	23
28	d_Bacteria;p_WS2	0	5	10	15	0	8	0	8	8
29	d_Bacteria;p_Dependentiae	10	0	9	11	0	0	14	6	11
30	d_Bacteria;p_Cyanobacteria	3	0	6	2	0	29	0	9	0
31	d_Bacteria;p_Dadabacteria	4	0	0	0	0	0	0	2	12
32	d_Bacteria;p_Fusobacteriota	9	0	0	0	0	0	0	0	0

| ◄ ► | level-2 | 堆积柱状图 | ⊕ |

图 4-1 初始堆积柱状图数据

（2）拆分 A 列。选择 B 列，右键点击"插入"即可在 B 列前插入一列，插入新的列是为后续 A 列分列操作留出的空列。分列操作是为了将不同分类水平按列分开，然后仅保留需要的分类水平，譬如，现在要保留分类水平"门水平"。选择 A 列，选择"数据"＞"分列"＞"分隔符号"，点击"下一步"；选择"分隔符号"的"分号（M）"，点击"下一步"；保持默认，点击"完成"；分列完成（图 4-2）。

	A	B	C	D	E	F	G	H	I	J	K
1	index		sample1	sample2	sample3	sample4	sample5	sample6	sample7	sample8	sample9
2	d_Bacteria	p_Actinobacteriota	7008	8447	8029	7848	4948	6805	7418	6669	7140
3	d_Bacteria	p_Proteobacteria	4048	2182	2968	2236	2508	2211	3214	2162	3747
4	d_Bacteria	p_Acidobacteriota	2323	3495	5721	8577	4284	4880	3238	8074	8683
5	d_Bacteria	p_Verrucomicrobiota	160	167	340	748	732	539	498	560	1783
6	d_Bacteria	p_Gemmatimonadota	1311	1109	1135	811	938	725	955	811	1030
7	d_Bacteria	p_Chloroflexi	1838	2102	2999	2416	1387	1698	1158	2323	2456
8	d_Bacteria	p_Methylomirabilota	269	451	292	227	278	214	253	430	1056
9	d_Bacteria	p_Firmicutes	177	201	397	146	331	233	60	241	122
10	d_Bacteria	p_Bacteroidota	422	382	724	429	888	395	391	197	693
11	d_Bacteria	p_Planctomycetota	63	90	257	184	118	102	68	28	123
12	d_Bacteria	_	91	169	47	77	110	103	140	169	100
13	d_Bacteria	p_Myxococcota	666	440	400	314	309	136	209	199	417
14	d_Bacteria	p_Nitrospirota	115	104	59	58	167	90	173	153	274
15	d_Bacteria	p_Entotheonellaeota	122	55	83	50	147	91	22	38	65
16	d_Bacteria	p_Patescibacteria	54	209	56	176	173	309	102	96	472
17	d_Bacteria	p_RCP2-54	27	30	26	0	0	8	43	15	57
18	d_Bacteria	p_GAL15	6	0	0	3	0	0	4	33	121
19	d_Bacteria	p_NB1-j	0	0	0	9	0	7	33	21	52
20	d_Bacteria	p_Latescibacterota	0	36	12	18	3	7	34	23	198
21	d_Bacteria	p_Deinococcota	0	6	71	0	0	0	0	0	0
22	d_Bacteria	p_Armatimonadota	9	84	132	78	17	50	3	35	64
23	d_Bacteria	p_Desulfobacterota	19	6	0	0	0	0	31	0	59
24	d_Bacteria	p_Elusimicrobiota	14	0	0	20	0	20	0	0	15
25	d_Bacteria	p_MBNT15	3	13	8	19	0	0	0	0	13
26	d_Bacteria	p_Bdellovibrionota	12	35	0	6	30	0	22	0	0
27	d_Bacteria	p_FCPU426	0	0	0	0	3	0	0	0	23
28	d_Bacteria	p_WS2	0	5	10	15	0	8	0	8	8
29	d_Bacteria	p_Dependentiae	10	0	9	11	0	0	14	6	11
30	d_Bacteria	p_Cyanobacteria	3	0	6	2	0	29	0	9	0
31	d_Bacteria	p_Dadabacteria	4	0	0	0	0	0	0	2	12
32	d_Bacteria	p_Fusobacteriota	9	0	0	0	0	0	0	0	0

level-2　堆积柱状图

图 4-2　按分类级别拆分物种名称

（3）门水平的物种排序。删除 A 列后，在数据矩阵尾列（K 列）设置加和列，列头设置为"all"，对 9 个样本数据进行加和处理，公式是"＝SUM（B2：J2）"；下拉 K2 单元格的右下角处的填充柄"＋"完成公式填充与加和计算；选择 K 列，选择"排序和筛选"＞"降序"；弹出提示框，选择"拓展选择区域"，点击"排序"；得到了 9 个细菌样品门水平相对丰度数据的加和排序结果（图 4-3）。

（4）合并未分类物种。第一列的 15 行是"_"，归类为 Unclassified。在 A15 单元格输入"Unclassified"。

（5）删除门水平物种名称中的"p_"。选择 A 列，选择"查找和选择"＞"替换"；查找内容输入"p_"，替换为保持空缺，点击"全部替换"。

▲	A	B	C	D	E	F	G	H	I	J	K
1		sample1	sample2	sample3	sample4	sample5	sample6	sample7	sample8	sample9	all
2	p__Actinobacteriota	7008	8447	8029	7848	4948	6805	7418	6669	7140	64312
3	p__Acidobacteriota	2323	3495	5721	8577	4284	4880	3238	8074	8683	49275
4	p__Proteobacteria	4048	2182	2968	2236	2508	2211	3214	2162	3747	25276
5	p__Chloroflexi	1838	2102	2999	2416	1387	1698	1158	2323	2456	18377
6	p__Gemmatimonadota	1311	1109	1135	811	938	725	955	811	1030	8825
7	p__Verrucomicrobiota	160	167	340	748	732	539	498	560	1783	5527
8	p__Bacteroidota	422	382	724	429	888	395	391	197	693	4521
9	p__Methylomirabilota	269	451	292	227	278	214	253	430	1056	3470
10	p__Myxococcota	666	440	400	314	309	136	209	199	417	3090
11	p__Firmicutes	177	201	397	146	331	233	60	241	122	1908
12	p__Patescibacteria	54	209	56	176	173	309	102	96	472	1647
13	p__Nitrospirota	115	104	59	58	167	90	173	153	274	1193
14	p__Planctomycetota	63	90	257	184	118	102	68	28	123	1033
15		91	169	47	77	110	103	140	169	100	1006
16	p__Entotheonellaeota	122	55	83	50	147	91	22	38	65	673
17	p__Armatimonadota	9	84	132	78	17	50	3	35	64	472
18	p__Latescibacterota	0	36	12	18	3	7	34	23	198	331
19	p__RCP2-54	27	30	26	0	0	8	43	15	57	206
20	p__GAL15	6	0	0	3	0	0	4	33	121	167
21	p__NB1-j	0	0	0	9	0	7	33	21	52	122
22	p__Desulfobacterota	19	6	0	0	0	0	31	0	59	115
23	p__Bdellovibrionota	12	35	0	6	30	0	22	0	0	105
24	p__Deinococcota	0	6	71	0	0	0	0	0	0	77
25	p__Elusimicrobiota	14	0	0	20	0	20	0	0	15	69
26	p__Dependentiae	10	0	9	11	0	0	14	6	11	61
27	p__MBNT15	3	13	8	19	0	0	0	0	13	56
28	p__WS2	0	5	10	15	0	8	0	8	8	54
29	p__Cyanobacteria	3	0	6	2	0	29	0	9	0	49
30	p__FCPU426	0	0	0	0	3	0	0	0	23	26
31	p__Abditibacteriota	0	0	13	10	2	0	0	0	0	25
32	p__Dadabacteria	4	0	0	0	0	0	0	2	12	18

◀ ▶ level-2 堆积柱状图 ⊕

图 4-3　门水平排序

（6）保留 TOP10 门水平物种。再次对 K 列进行降序排序，仅保留相对丰度前 10 的门，其他门合并为 Others。在 A38 单元格填写"Others"，B38 单元格填写公式 "＝SUM（B12：B37）"并使用横拉填充柄填充计算，复制 38 行并原位粘贴为"值"纯文本格式；删除 12～37 行，再对 K 列降序排序，最后删除 K 列，获得最终结果（图 4-4）。Unclassified 相对丰度较低，排到了 TOP10 以外，被包括在 Others 里。

	sample1	sample2	sample3	sample4	sample5	sample6	sample7	sample8	sample9
Actinobacteriota	7008	8447	8029	7848	4948	6805	7418	6669	7140
Acidobacteriota	2323	3495	5721	8577	4284	4880	3238	8074	8683
Proteobacteria	4048	2182	2968	2236	2508	2211	3214	2162	3747
Chloroflexi	1838	2102	2999	2416	1387	1698	1158	2323	2456
Gemmatimonadota	1311	1109	1135	811	938	725	955	811	1030
Others	561	845	803	739	772	830	691	639	1673
Verrucomicrobiota	160	167	340	748	732	539	498	560	1783
Bacteroidota	422	382	724	429	888	395	391	197	693
Methylomirabilota	269	451	292	227	278	214	253	430	1056
Myxococcota	666	440	400	314	309	136	209	199	417
Firmicutes	177	201	397	146	331	233	60	241	122

图 4-4　TOP10 门水平物种数据

（7）新建工作表"堆积柱状图（1）"，将上述处理好的 10 列×12 行数据，转置粘贴到工作表"堆积柱状图（1）"。第一列是样本名称，第一行是门水平物种名称（图 4-5）。

	Actinobacteriota	Acidobacteriota	Proteobacteria	Chloroflexi	Gemmatimonadota	Others	Verrucomicrobiota	Bacteroidota	Methylomirabilota	Myxococcota	Firmicutes
sample1	7008	2323	4048	1838	1311	561	160	422	269	666	177
sample2	8447	3495	2182	2102	1109	845	167	382	451	440	201
sample3	8029	5721	2968	2999	1135	803	340	724	292	400	397
sample4	7848	8577	2236	2416	811	739	748	429	227	314	146
sample5	4948	4284	2508	1387	938	772	732	888	278	309	331
sample6	6805	4880	2211	1698	725	830	539	395	214	136	233
sample7	7418	3238	3214	1158	955	691	498	391	253	209	60
sample8	6669	8074	2162	2323	811	639	560	197	430	199	241
sample9	7140	8683	3747	2456	1030	1673	1783	693	1056	417	122

图 4-5　最终堆积柱状图数据

4.1.1.2　Origin 绘图

（1）导入数据。打开 Origin 软件，选择"数据"＞"从文件导入"＞"Excel（XLS、XLSX、XLSM）（M）...";弹出对话框，选择目标工作簿，点击"添加文件"，再点击"确定";出现新对话框，在文件信息＞level-2.xlsx＞文件工作表，选择"堆积柱状图（1）"工作表;下拉滚动条带，在"标题行"下，将"副标题行数"和"长名称"都改成"1"，点击"确认"，导入窗格见图 4-6。

	A(X)	B(Y)	C(Y)	D(Y)	E(Y)	F(Y)	G(Y)	H(Y)	I(Y)	J(Y)	K(Y)	L(Y)
长名称		Actinobact	Acidobacte	Proteobact	Chloroflex	Gemmatimon	Others	Verrucomic	Bacteroido	Methylomir	Myxococcot	Firmicutes
单位												
注释												
F(x)=												
1	sample1	7008	2323	4048	1838	1311	561	160	422	269	666	177
2	sample2	8447	3495	2182	2102	1109	845	167	382	451	440	201
3	sample3	8029	5721	2968	2999	1135	803	340	724	292	400	397
4	sample4	7848	8577	2236	2416	811	739	748	429	227	314	146
5	sample5	4948	4284	2508	1387	938	772	732	888	278	309	331
6	sample6	6805	4880	2211	1698	725	830	539	395	214	136	233
7	sample7	7418	3238	3214	1158	955	691	498	391	253	209	60
8	sample8	6669	8074	2162	2323	811	639	560	197	430	199	241
9	sample9	7140	8683	3747	2456	1030	1673	1783	693	1056	417	122

图 4-6　导入数据

（2）绘制图形。全选所有数据，选择"绘图"＞"基础 2D 图"＞"百分比堆积柱状图";原始堆积柱状图绘制已完成。

（3）美化图形。双击柱状图，在"绘图细节"＞"绘图属性"中，取消启用"标签"，将线条宽度改为 0，在"组"修改配色，防止标签颜色重复。右键双击任意坐标标签或横纵坐标，可以进入修改"刻度""刻度线标签""标题""网格"和"轴线和刻度线"等参数。左键图例，选择属性，打开"文本对象-Legend"对话框，可以对图例细节进行编辑。读者可以根据具体要求继续美化与修改。

（4）导出图形。选择"文件"＞"导出图形"＞"打开对话框";选择合适的图片格式，本示例选用"联合照片专家组（＊.jpg，＊.jpe，＊.jpeg）"点击"确定"，导出可视化结果（图 4-7）。

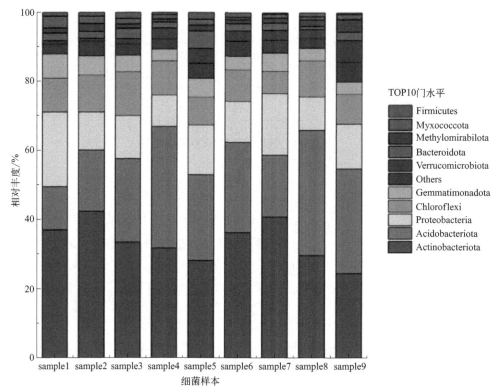

图 4-7　门水平 TOP10 物种百分比堆积柱状图

由细菌门水平物种百分比堆积柱状图可知，放线菌门（Actinobacteria）、酸杆菌门（Acidobacteria）、变形菌门（Proteobacteria）、绿弯菌门（Chloroflexi）和芽单胞菌门（Gemmatimonadetes）存在于所有草原土壤样本中，其中放线菌门丰度最高，各样本中占比均在 20％以上，酸杆菌门次之。所有物种的相对丰度均发生了变化，但是无法看出明显的变化规律。

4.1.2　热图

本节重点讲解使用 Heml 软件绘制热图实现微生物群落结构可视化。热图可视化是查看数据分布差异与数据质量检查的重要方法，可以将隐晦的数据矩阵转化为直观的（深浅不同）颜色方块，也可以对样本或变量进行聚类来观测样本相似度。

Heml 是一款专用于绘制热图的软件，在热图绘制方面上远胜于 Office Excel 和 Graphpad 等软件，能和 R 软件相媲美。Heml 1.0 使用 Java（J2SE）实现，且

SWT 被用于实现用户界面，支持包括 OSX、Windows 和 Linux 在内的主流操作系统。

实际操作如下。

4.1.2.1 准备数据

（1）选用属水平物种数据。在 QIIME2 共享文件夹下，解压缩物种丰度可视化文件 taxa-bar-plots-Bacteria-silva.qzv，选择 taxa-bar-plots-Bacteria-silva＞12ff008a-3314-4eeb-9e8e-9700787c92b8＞data＞level-6.csv（属水平），使用 Office Excel 打开 level-6.csv，另存为 level-6.xls 文件，.xls 文件格式是 Heml 常用导入格式。打开保存的 level-6.xls 文件，点击界面底部加号"＋"新建工作表"热图"；复制 level-6 工作表数据内容，转置粘贴到"热图"工作表，注意删除表格最下方的四行样本信息（图 4-8）。

	A	B	C	D	E	F	G	H	I	J
1	index	sample1	sample2	sample3	sample4	sample5	sample6	sample7	sample8	sample9
2	d_Bacteria;p_Actinc	1167	902	2330	1927	1297	787	348	776	755
3	d_Bacteria;p_Protec	238	35	78	81	148	155	235	114	351
4	d_Bacteria;p_Acidol	759	1255	2122	5421	2049	2868	1640	3817	4188
5	d_Bacteria;p_Actinc	146	171	321	133	99	116	53	120	55
6	d_Bacteria;p_Acidol	451	890	1417	1357	711	567	601	2297	1252
7	d_Bacteria;p_Protec	70	108	132	134	86	95	165	81	46
8	d_Bacteria;p_Actinc	118	80	141	302	76	260	327	144	104
9	d_Bacteria;p_Protec	238	170	282	266	365	305	261	170	331
10	d_Bacteria;p_Verruc	147	106	264	625	594	470	380	428	1552
11	d_Bacteria;p_Gemm	795	574	694	413	483	405	611	508	815
12	d_Bacteria;p_Protec	159	87	122	176	0	0	73	120	47
13	d_Bacteria;p_Actinc	857	993	774	702	447	493	1050	957	1559
14	d_Bacteria;p_Protec	87	33	28	68	59	53	94	117	208
15	d_Bacteria;p_Actinc	159	43	163	110	132	119	172	98	315
16	d_Bacteria;p_Chlorc	377	366	846	640	375	399	321	551	294
17	d_Bacteria;p_Protec	448	137	124	334	190	257	753	271	476
18	d_Bacteria;p_Actinc	489	748	460	346	140	267	261	316	136
19	d_Bacteria;p_Protec	439	227	211	31	0	4	13	7	52
20	d_Bacteria;p_Actinc	503	592	363	1240	323	801	1225	620	575
21	d_Bacteria;p_Chlorc	46	105	154	175	25	91	178	236	277
22	d_Bacteria;p_Actinc	236	852	699	533	228	315	304	1228	1115
23	d_Bacteria;p_Actinc	275	1264	728	596	125	261	428	413	58
24	d_Bacteria;p_Protec	64	14	28	32	51	55	93	40	121
25	d_Bacteria;p_Methy	269	451	292	227	269	202	233	384	883
26	d_Bacteria;p_Actinc	179	339	109	109	138	132	161	149	85
27	d_Bacteria;p_Firmic	155	185	383	143	256	226	56	204	108

图 4-8 初始热图数据

注意：对不同分类水平上研究微生物群落结构的数据准备工作非常相似，具体实操方法与详细说明参考 4.1.1.1 准备数据。

（2）拆分 A 列。选中 B～F 列，右键点击"插入"即可在 B 列前插入 5 列，插入的 5 列是为后续 A 列分列操作留出的空列；选中 A 列，选择"数据"＞"分列"
＞"分隔符号"，点击"下一步"。选择"分隔符号"的"分号（M）"，点击"下一步"。弹出新提示框，保持默认，点击"完成"即可分列成功（图 4-9）。

	A	B	C	D	E	F	G	H	I	J	K	L	M	N	O
1	index						sample1	sample2	sample3	sample4	sample5	sample6	sample7	sample8	sample9
2	d_Bacteria	p_Actinobac	c_Rubroba	o_Rubroba	f_Rubrobac	g_Rubroba	1167	902	2330	1927	1297	787	348	776	755
3	d_Bacteria	p_Proteoba	c_Alphapro	o_Rhizobia	f_Xanthoba	g_Bradyrhi	238	35	78	81	148	155	235	114	351
4	d_Bacteria	p_Acidobac	c_Blastocat	o_Pyrinom	f_Pyrinomc	g_RB41	759	1255	2122	5421	2049	2868	1640	3817	4188
5	d_Bacteria	p_Actinobac	c_Actinoba	o_Micrococ	f_Micrococo		146	171	321	133	99	116	53	120	55
6	d_Bacteria	p_Acidobac	c_Vicinami	o_Vicinami	f_Vicinamil	g_Vicinami	451	890	1417	1357	711	567	601	2297	1252
7	d_Bacteria	p_Proteoba	c_Alphapro	o_Sphingon	f_Sphingon		70	108	132	134	86	95	165	81	46
8	d_Bacteria	p_Actinobac	c_Actinoba	o_Streptorr	f_Streptom	g_Streptorr	118	80	141	302	76	260	327	144	104
9	d_Bacteria	p_Proteoba	c_Alphapro	o_Sphingon	f_Sphingon	g_Sphingor	238	170	282	266	365	305	261	170	331
10	d_Bacteria	p_Verrucor	c_Verrucor	o_Chthonic	f_Chthonio	g_Candidat	147	106	264	625	594	470	380	428	1552
11	d_Bacteria	p_Gemmat	c_Gemmati	o_Gemmat	f_Gemmati	g_uncultur	795	574	694	413	483	405	611	508	815
12	d_Bacteria	p_Proteoba	c_Alphapro	o_Rhizobia	f_uncultur	g_uncultur	159	87	122	176	0	0	73	120	47
13	d_Bacteria	p_Actinobac	c_Thermolc	o_Gaiellale	f_uncultur	g_uncultur	857	993	774	702	447	493	1050	957	1559
14	d_Bacteria	p_Proteoba	c_Alphapro	o_Dongia	f_Dongiace	g_Dongia	87	33	28	68	59	53	94	117	208
15	d_Bacteria	p_Actinobac	c_Actinoba	o_Propionil	f_Propionit	g_Microlun	159	43	163	110	132	119	172	98	315
16	d_Bacteria	p_Chlorofle	c_Chlorofle	o_Thermorr	f_JG30-KF	g_JG30-KF	377	366	846	640	375	399	321	551	294
17	d_Bacteria	p_Proteoba	c_Alphapro	o_Rhizobia	f_Xanthoba	g_uncultur	448	137	124	334	190	257	753	271	476
18	d_Bacteria	p_Actinobac	c_Acidimic	o_IMCC262	f_IMCC262	g_IMCC262	489	748	460	346	140	267	261	316	136
19	d_Bacteria	p_Proteoba	c_Gammapr	o_Nitrosoc	f_Nitrosocc	g_wb1-P19	439	227	211	31	0	4	13	7	52
20	d_Bacteria	p_Actinobac	c_Thermolc	o_Solirubrc	f_67-14	g_67-14	503	592	363	1240	323	801	1225	620	575
21	d_Bacteria	p_Chlorofle	c_Gitt-GS-	o_Gitt-GS-	f_Gitt-GS-	g_Gitt-GS-	46	105	154	175	25	91	178	236	277
22	d_Bacteria	p_Proteoba	c_MB-A2-1	o_MB-A2-	f_MB-A2-1	g_MB-A2-	236	852	699	533	228	315	304	1228	1115
23	d_Bacteria	p_Actinobac	c_Actinoba	o_0319-7L	f_0319-7L1	g_0319-7L	275	1264	728	596	125	261	428	413	58
24	d_Bacteria	p_Proteoba	c_Alphapro	o_Reyranel	f_Reyranell	g_Reyranel	64	14	28	32	51	55	93	40	121
25	d_Bacteria	p_Methylor	c_Methylor	o_Rokubac	f_Rokubact	g_Rokubac	269	451	292	227	269	202	233	384	883
26	d_Bacteria	p_Acidobac	c_Acidimic				179	339	109	109	138	132	161	149	85
27	d_Bacteria	p_Firmicute	c_Bacilli	o_Bacillale	f_Bacillace	g_Bacillus	155	185	383	143	256	226	56	204	108

图 4-9　物种拆分

（3）物种的属水平排序。删除 A～E 列后，在数据矩阵尾列（K 列）设置加和列，列头设置为"all"，对 9 个样本的物种数据进行加和处理，K2 单元格输入计算公式"＝SUM（B2∶J2）"；下拉 K2 单元格的右下角处的填充柄"＋"完成公式填充与加和计算，同时删除表格最下方的样本信息行；选择 A 列，选择"排序和筛选"＞"降序"，弹出提示框，选择"拓展选择区域（E）"，点击"排序"；排序完成。

（4）合并未分类物种。在 index 列，411 行以下都是"_"，归类为 Unclassified。对所有 Unclassified 类别的数据行都按样本（列）进行求和，并删除被合并的数据行。观察数据发现有未培养类别"Uncultured"，筛选合并所有未培养数据，具体情况见 343 行和 344 行所示（图 4-10）。

（5）保留 TOP15 属水平物种。选中 K 列，选择"排序和筛选"＞"降序"＞新提示框"拓展选择区域"，点击"排序"；仅保留相对丰度前 15 的属，其他属合并为 Others。在 A345 单元格填写"Others"，B345 单元格填写公式"＝SUM（B17∶B344）"并使用横拉填充柄填充计算，复制 345 行并原位粘贴为"值"纯文本格式，最后删除 17～344 行。

（6）对 K 列降序排列，删除 K 列，删除 A 列中属水平名称中的"g_"，准备好可视化数据（图 4-11）。

（7）转换为相对丰度（图 4-12）。

326	g_AD3	0	0	0	0	5	47	6	2	0	60
327	g_Actinoplanes	0	0	0	0	9	51	0	19	0	79
328	g_Actinophytoco	101	133	39	54	18	85	102	45	48	625
329	g_Actinomadura	33	24	12	0	0	14	59	0	0	142
330	g_Actinocorallia	0	0	0	0	8	0	25	0	0	33
331	g_Acinetobacter	7	0	0	0	0	0	0	13	0	20
332	g_Acidothermus	0	0	0	0	0	0	0	10	65	75
333	g_Acidibacter	66	0	32	46	62	53	0	43	40	342
334	g_Abditibacteriu	0	0	13	10	2	0	0	0	0	25
335	g_A4b	40	0	0	14	24	3	14	15	209	319
336	g_A21b	0	0	0	0	0	8	0	8	40	56
337	g_A0839	0	0	0	0	0	0	0	0	11	11
338	g_67-14	503	592	363	1240	323	801	1225	620	575	6242
339	g_37-13	0	0	0	0	0	0	4	0	0	4
340	g_11-24	34	51	74	222	105	87	13	192	179	957
341	g_0319-7L14	275	1264	728	596	125	261	428	413	58	4148
342	g_0319-6G20	6	28	0	0	5	0	0	0	0	39
343	Unclassified	1277	1511	1498	879	1184	1301	1228	950	874	10702
344	Uncultured	4326	3823	4481	3583	2856	2844	3977	3715	5599	35204
345											

图 4-10　属水平合并后数据

	sample1	sample2	sample3	sample4	sample5	sample6	sample7	sample8	sample9
Others	7875	6502	7679	6076	6454	6366	6057	5545	9574
Uncultured	4326	3823	4481	3583	2856	2844	3977	3715	5599
RB41	759	1255	2122	5421	2049	2868	1640	3817	4188
Unclassified	1277	1511	1498	879	1184	1301	1228	950	874
Rubrobacter	1167	902	2330	1927	1297	787	348	776	755
Vicinamibacterace	451	890	1417	1357	711	567	601	2297	1252
67-14	503	592	363	1240	323	801	1225	620	575
MB-A2-108	236	852	699	533	228	315	304	1228	1115
Candidatus_Udae	147	106	264	625	594	470	380	428	1552
JG30-KF-CM45	377	366	846	640	375	399	321	551	294
0319-7L14	275	1264	728	596	125	261	428	413	58
KD4-96	157	257	312	599	314	618	324	697	643
Rokubacteriales	269	451	292	227	269	202	233	384	883
IMCC26256	489	748	460	346	140	267	261	316	136
Subgroup_7	230	180	158	249	308	287	297	317	778
Gaiella	245	122	159	193	148	313	461	251	524

图 4-11　热图数据

4.1.2.2　Heml 绘图

（1）导入数据。打开 Heml 1.0 软件，点击"DEMO"按钮选择合适的热图样式。点击"Set"修改色阶，修改后点击"REFRESH"刷新；点击"LOAD"加载数据，在新对话框选择 level-6.xls 工作簿的"热图"工作表，点击"打开"加载数据；弹出数据加载器，选择需要创建的数据，可根据对话框顶部的提示方法（按住 SHIFT 键连续选择或鼠标拖动选择）选择需要展示的数据，或者点击"Auto select"让程序自动选择。勾选 X、Y，可以显示两轴标签，空白值显示黑色，设置完成后点击"Finish"。

	A	B	C	D	E	F	G	H	I	J	K
1		sample1	sample2	sample3	sample4	sample5	sample6	sample7	sample8	sample9	
2	Others	0.419262	0.328036	0.322539	0.248091	0.371453	0.341048	0.334918	0.248599	0.332431	
3	Uncultured	0.230315	0.192876	0.188214	0.146299	0.164374	0.152363	0.219906	0.166555	0.19441	
4	RB41	0.040409	0.063317	0.08913	0.221347	0.117928	0.153648	0.090683	0.171128	0.145417	
5	Unclassified	0.067987	0.076232	0.06292	0.035891	0.068144	0.069699	0.067902	0.042591	0.030347	
6	Rubrobacter	0.062131	0.045507	0.097866	0.078682	0.074647	0.042162	0.019242	0.03479	0.026215	
7	Vicinamibacteraceae	0.024011	0.044902	0.059518	0.055408	0.040921	0.030376	0.033232	0.102981	0.043472	
8	67-14	0.02678	0.029867	0.015247	0.050631	0.01859	0.042912	0.067736	0.027796	0.019965	
9	MB-A2-108	0.012565	0.042985	0.02936	0.021763	0.013122	0.016876	0.01681	0.055055	0.038715	
10	Candidatus_Udaeobacter	0.007826	0.005348	0.011089	0.02552	0.034187	0.025179	0.021012	0.019189	0.053889	
11	JG30-KF-CM45	0.020071	0.018465	0.035534	0.026132	0.021583	0.021376	0.01775	0.024703	0.010208	
12	0319-7L14	0.014641	0.063771	0.030578	0.024335	0.007194	0.013983	0.023666	0.018516	0.002014	
13	KD4-96	0.008359	0.012966	0.013105	0.024458	0.018072	0.033108	0.017915	0.031249	0.022326	
14	Rokubacteriales	0.014321	0.022754	0.012265	0.009269	0.015482	0.010822	0.012884	0.017216	0.03066	
15	IMCC26256	0.026034	0.037738	0.019321	0.014128	0.008058	0.014304	0.014432	0.014167	0.004722	
16	Subgroup_7	0.012245	0.009081	0.006636	0.010167	0.017727	0.015376	0.016422	0.014212	0.027014	
17	Gaiella	0.013044	0.006155	0.006678	0.00788	0.008518	0.016768	0.025491	0.011253	0.018194	
18											

图 4-12　属水平相对丰度热图数据

（2）生成初始热图（图 4-13）。可以根据个人需求和期刊发表格式对生成的热图修改尺寸大小、横/纵坐标题、文字大小/角度和是否聚类等进行设置，每次设置后点击右侧的"REFRESH"按钮刷新图形。

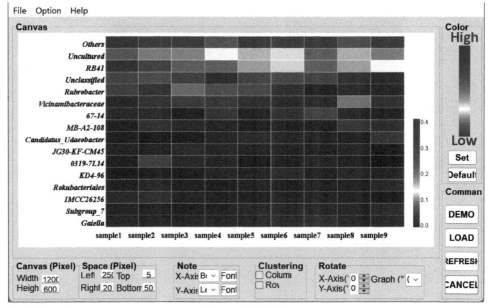

图 4-13　初始热图

（3）图形输出。选择"File"＞"Export image"，Heml 导出图片的分辨率有72dpi、300dpi 和 600dpi，常用的高质量图形导出格式为 .tiff。选择图片导出位置后，导出即可。

（4）右击热图将会弹出如图 4-14 所示的对话框，根据需求探索更多的操作。

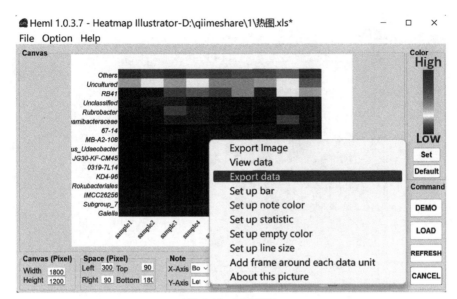

图 4-14　更多设置

图 4-15 与图 4-16 对图像的颜色标尺和内置数据处理进行了详细介绍，可以根据实际需求进行选择。

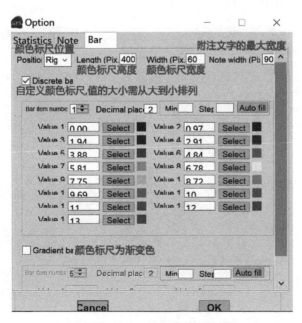

图 4-15　Set up bar 参数面板介绍

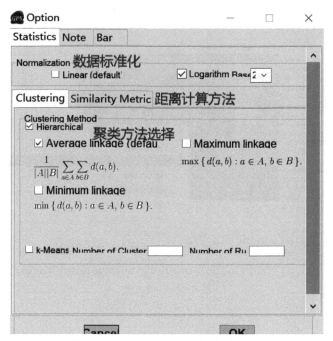

图 4-16　Set up statistic 参数面板介绍

（5）Heml 导出图形，美化处理结果见图 4-17。

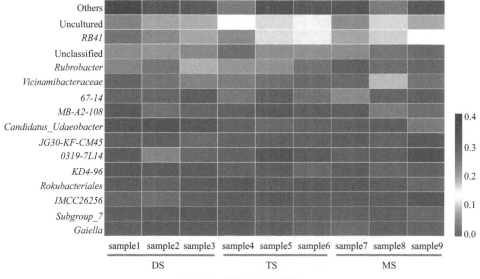

图 4-17　细菌属水平热图

用颜色变化反映物种的丰度信息，颜色的深浅代表 reads 数目的多少，蓝色代表物种丰度低，红色代表物种丰度高，图中高丰度和低丰度的物种明显被区分开。通过颜色深浅的分布情况也可以判断在不同样本组之间的物种组成差异情况。*RB 41* 是三种类型草原的优势属，变化情况为 DS＜MS＜TS，说明连续区域内草原类型的改变会导致各地优势属丰度发生明显变化；*Rubrobacter* 颜色由红变蓝，在荒漠草原和典型草原中丰度较高，在草甸草原（MS）中 reads 数目明显减少；此外图中草甸草原对应列出现多处红色，说明除 *RB 41* 外还存在高丰度物种丰度较为接近，相比于另外两种草原类型，草甸草原中高丰度的物种数目更多。

💡 知识拓展

① 聚类原理。聚类是将样品或者变量按相似程度或距离远近划分类别，同类元素之间的相似性比其他类元素的相似性更高。目的是使同类元素的同质性最大化和类间元素的异质性最大化。如果同组样本彼此相似，而不同组的样本具有足够差异，那么样本集就可以应用聚类分析按预设组别较好区分。

② 聚类算法。

a. single-linkage 聚类法，也称 connectedness 或 minimum 聚类法，类间距离等于两类对象之间的最小距离，若用相似度衡量，则是各类中的任一对象与另一类中任一对象的最大相似度。

b. complete-linkage 聚类法，也称 diameter 或 maximum 方法，组间距离等于两组对象之间的最大距离。

c. average-linkage 聚类法，组间距离等于两组对象之间的平均距离。

③ 聚类方法。

a. K-means 聚类是以欧式距离为相似度指标，将高相似度数据对象划分为一类并反复迭代计算新质心，不断调整数据对象所属的类，使得新质心与所有数据对象的平方误差总和 SSE 最小的一种迭代型快速聚类算法。变量类型为连续型变量，需要主动设定分类数。K-means 聚类的优势是算法简单，大数据处理速度快，允许设定初始质心。劣势是复杂的大数据量增大了 K 值设定的难度；初始质心的设定对聚类结果影响较大；对离群点与异常点敏感；由于 K-means 算法是依据欧式距离划分，仅发现球状簇。

b. 最大最小距离聚类法的核心思想是先计算出聚类中心，再将所有的数据对象按照就近原则分配到距离自身最近的聚类中心所对应的类。

c. 系统聚类，又称层次聚类和谱系分析，根据数据对象之间的距离远近将数据分类。变量类型包括连续变量和分类变量，同 K-means 算法一样给定类别个数或类别个数范围。系统聚类的优势是可以对个案聚类或者对变量聚类；可对数据 *J*

进行转化处理与标准化处理；可根据具体情况选择类间距离计算方法，常见距离计算方法包括 Bray-Curtis、abund_jaccard、Euclidean（欧式距离）、Weighted Unifrac、Jaccard 和 Unweightde Unifrac 等。劣势是无法同时处理两种类型变量；处理复杂的大数据集，聚类速度较慢；单向聚类，个案只能被分类一次，无法迭代计算再分类。

d. 二阶聚类是一种通过预聚类和聚类的两步聚类来分析大数据集的算法，变量类型包括分类变量和连续变量，自动确定类别数目。二阶聚类的优势是可以同时分析连续变量和多个分类变量；自动分析输出最优的聚类数目；处理大数据集速度快。劣势是当分类变量较少时，受数据分布的影响较大。

④ 数据标准化。聚类分析前必须要对数据进行标准化（normalization），标准化可以使数据范围缩小，便于用合适的颜色色阶覆盖表达，可以避免过大（或过小）数据点影响色阶的合理分布情况。标准化方法包括去除极值点与异常点、保留 3/4 数据群、Z score 变换和 log2 变换。热图绘制软件通常可以选择标准正态分布化（Z score）进行预处理，将原始数据通过均一化，使其符合均值为 0，方差为 1 的标准正态分布，可以选择按行、按列或对数据矩阵整体均一化处理。

4.1.3　韦恩图

本节重点讲解使用 Origin 软件绘制韦恩图实现微生物群落结构可视化。韦恩图是用于显示不同集合重叠区域的关系图表，即通过图形（常用圆或椭圆）之间的重叠区域表示集合之间的相交关系。微生物群落研究中，韦恩图常用于多个（或组）样本的共有物种（或 ASV）和特有物种数目统计可视化，直观呈现不同样本（组）之间的共有特有物种组成情况。通常情况选用相似水平为 97% 的 OTU 丰度表或相似水平为 100% 的 ASV 丰度表作为韦恩图绘制原始数据。

4.1.3.1　准备数据

（1）选用属水平物种数据。数据来源于 QIIME2 分析流程输出的物种注释结果，使用 Office Excel 打开 level-6.csv，另存为 level-6.xlsx 文件。打开保存的 level-6.xlsx 文件，点击界面底部加号 "＋" 新建工作表 Venn；复制 level-6 工作表数据内容，转置粘贴到 Venn 工作表。将不同分类水平按列分开，仅保留属水平即可。

① 对不同分类水平上研究微生物群落结构的数据准备工作非常相似，具体实操方法与详细说明参考 4.1.1.1 准备数据。

② 可以考虑直接使用原始的属水平注释信息（不分列）作为属水平物种信息，能够保证属水平物种名称的唯一性，其他步骤与本节内容一致，分析结果理论上也一致。

（2）样本分组。样本分组信息包括以下，sample1、sample2 和 sample3 属于荒漠草原（Desert grassland，DS）；sample4、sample5 和 sample6 属于典型草原（Typical grassland，TS）；sample7、sample8 和 sample9 属于草甸草原（Meadow grassland，MS）。本次实操是分析不同草原类型的微生物属水平的共有特有情况，所以需要合并相同类型草原的丰度数据。本次分析设定某一类型分组的任意样本存在某种物种，即认为此类型草原存在该物种。因此，分组对物种进行求和，合计数大于 0，默认该类型草原含有该物种。在 D 列、G 列和 J 列后面分别插入一列，根据其草原类型分别命名表头为 DS、TS 和 MS。对同一草原类型的微生物物种数据进行加和，即 sample1＋sample2＋sample3＝DS，sample4＋sample5＋sample6＝TS，sample7＋sample8＋sample9＝MS。插入三列后，在 E2、I2 和 M2 单元格分别插入公式"＝SUM（B2：D2）""＝SUM（F2：H2）"和"＝SUM（J2：L2）"，并双击单元格的右下角处的填充柄"＋"完成公式填充与加和计算。

（3）复制 E 列、I 列和 M 列并原位粘贴为"值"纯文本格式，然后删除 B～D 列，F～H 列和 J～L 列。

（4）对第一列降序排序，可见 411 行以下都是"_"，在属水平上应当归类为 Unclassified，但是将所有 Unclassified 类别的物种全部合并是不合理的。尽管在属水平没有具体的分类信息，但是在其他分类水平必然存在差异，所以被识别为不同物种而被区分开。相同的名称"_"无法在韦恩图绘制过程中区分不同的属，必须为 411 行以下的属水平未分类物种均赋予一个唯一的代表名称，没有具体要求，保证不重复即可；示例提供一个简单方法，在 A411 和 A412 单元格分别填写"g1"和"g2"，然后同时选中 A411 和 A412 单元格，下拉填充柄完成填充，即可获得了不同的属代表名 g1，g2，g3... （与 Unclassified 类似，对所有 g_uncultured 也进行重新命名，如 un1，un2，un3...），整理后的数据情况见图 4-18。

（5）在 F～H 列设立三列，列头命名为 DS、TS、MS。F2 单元格输入 if 函数"＝IF（B2＞0，＄A2，0）"，并使用填充柄完成 F～H 列的公式填充与逻辑运算。

（6）复制 F～H 列并原位粘贴为"值"纯文本格式，依次对 F 列、G 列、H 列进行降序排序，注意选择"降序排列"＋"以当前选定区域排序"。被排序列的所有"0"单元格会被排到最后，最后删除 A～E 列和 F～H 列下方所有"0"单元格，用于绘制 Venn 图的数据已经处理完成。

408	g_11-24	159	414	384
409	g_0319-7L14	2267	982	899
410	g_0319-6G20	34	5	0
411	_	638	348	228
412	_	310	315	292
413	_	627	379	395
414	_	307	290	409
415	_	15	99	173
416	_	479	610	114
417	_	217	168	157
418	_	140	147	70
419	_	194	127	18
420	_	250	8	11
421	_	0	12	117
422	_	47	78	0
423	_	20	33	107
424	_	377	278	241
425	_	8	36	107
426	_	11	41	81
427	_	7	69	12
428	_	122	79	60
429	_	7	0	102
430	_	19	34	20
431	_	81	14	0
432	_	42	0	0
433	_	26	0	15
434	_	12	27	64
435	_	0	39	0
436	_	38	18	59
437	_	0	0	37
438	_	35	11	0
439		17	35	36

408	g_11-24	159	414	384
409	g_0319-7L14	2267	982	899
410	g_0319-6G20	34	5	0
411	g1	638	348	228
412	g2	310	315	292
413	g3	627	379	395
414	g4	307	290	409
415	g5	15	99	173
416	g6	479	610	114
417	g7	217	168	157
418	g8	140	147	70
419	g9	194	127	18
420	g10	250	8	11
421	g11	0	12	117
422	g12	47	78	0
423	g13	20	33	107
424	g14	377	278	241
425	g15	8	36	107
426	g16	11	41	81
427	g17	7	69	12
428	g18	122	79	60
429	g19	7	0	102
430	g20	19	34	20
431	g21	81	14	0
432	g22	42	0	0
433	g23	26	0	15
434	g24	12	27	64
435	g25	0	39	0
436	g26	38	18	59
437	g27	0	0	37
438	g28	35	11	0
439	g29	17	35	36

图 4-18　物种归类

4.1.3.2　Origin 绘图

（1）导入数据。将 Venn 工作表的数据导入 Origin 软件，韦恩图数据导入的实操方法参考 4.1.1.2 Origin 绘图。

（2）绘制图像。选择数据列（A～C 列），点击"Apps"菜单＞"Venn App"按钮，若未安装 App，详见下方的【知识拓展】；弹出 Apps：Plot_Venn 对话框，勾选"Use Classic Background"，选择"OK"即可完成韦恩图绘制；根据具体要求修改标签标题等参数。

（3）导出的韦恩图见图 4-19。

三种类型草原细菌群落在属水平上共有物种多达 177 个，而荒漠草原拥有最多的特有物种 93 种，说明荒漠草原与另外两种草原的物种组成有很大区别，在特有物种中可能存在部分物种是荒漠草原专有的物种。荒漠草原与典型草原和草甸草原的共有物种数大致相同，但是都少于典型草原与草甸草原之间的共有物种数。将典型草原与草甸草原之间进行比较发现，虽然两类草原的共有物种数多，但是草甸草原的特有物种数 59 种大于典型草原的特有物种数 27 种，说明从典型草原到草甸草原物种种类又变得更加丰富。

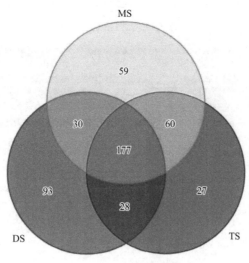

图 4-19　属水平韦恩图

知识拓展 ··

　　Origin 软件可在线添加大量实用高效的 Apps，有利于专业绘图，以添加 Venn Diagram 工具为例演示。

　　① Origin 软件在线安装。

　　a. 如果 "Apps" 菜单没有 Venn Diagram 工具，可以选择 "添加 App"。

　　b. 进入搜索 "Venn" 进行下载安装。添加 App 需要拥有 Origin 官网账号，可以免费注册。

　　② Origin 官网下载离线安装。

　　a. 如果出现点击 "Venn App" 按钮无效或出现网络错误，可以考虑使用离线安装方法。打开 Originlab 官网，点击页面右上角 "Log in" 按钮，弹出登录页面，使用账户密码登录或者点击 "Create an account" 注册新账户。

　　b. 登录账户后，点击 "Products" ＞ "OriginPro" 按钮；弹出新网页，点击 Section 模块的 "Apps in Origin" 按钮；点击 Apps in Origin 模块下方 "Read More＞＞"；弹出新网页，下滑到底部，点击右下角 "View all available Apps"；弹出新网页，在左侧 Apply Filters 模块可以根据关键词搜索、类型定义或分类定义来寻找需要的 App 安装包；在 "Terms" 框输入 "Venn"，点击 "Apply Filters" 按钮搜索，呈现搜索结果，点击 "Venn Diagram" 蓝色按钮。

　　c. 弹出新网页，查看 Venn Diagram 应用的相关信息，点击 "Download File" 下载应用的离线安装包。

　　d. 打开 Origin 软件，将下载好的离线安装文件 VennDiagram. opx 直接从本地文件夹拖到"Apps"菜单框（图 4-20 标红框）区域即可自动完成安装。

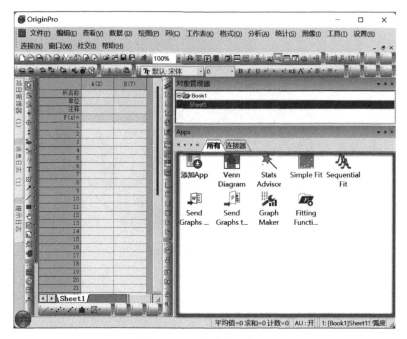

图 4-20　添加成功示意图

4.1.4　样本-物种丰度关联 Circos 弦装图

样本与物种的共线性关系 Circos 弦装图是一种描述样本与物种之间对应关系的可视化圈图，既能反映每个样本的优势物种组成比例，又能体现各优势物种在不同样本的分布情况。本节重点讲解使用 Circos 在线绘制样本-物种丰度关联弦装图可视化三种类型草原土壤微生物群落结构。

实际操作如下。

4.1.4.1　准备数据

（1）选用属水平物种数据。数据来源于 QIIME2 分析流程输出的物种注释结果，使用 Office Excel 打开 level-6.csv，另存为 level-6.xlsx 文件。打开保存的 level-6.xlsx 文件，点击界面底部加号"＋"新建工作表 Circos。按分类水平分列并仅保留属水平，将所有属水平名称为"_"的物种归类到 Unclassified，所有的 Uncultured 合并在一起，并使用替换功能删除已知属名称中的"g_"。在不同分类水平上研究微生物群落结构的数据准备工作非常相似，具体实操方法与详细说明请参考 4.1.1.1 准备数据。

（2）在 K 列 K1 单元格添加列头名称"all"，按物种对 9 个样本进行加和处理，公式是"＝SUM（B2：J2）"。对 K 列降序排序（拓展选定区域），保留相对丰度前 20 的属，其他全部归并到 Others 中（丰度数据加和处理）。再次对 K 列降序排序，删除 K 列。

（3）将 Circos 工作表内容另存为文本文件 Circos. txt（图 4-21），可以确保在线网页正确读取数据。极力推荐使用文本文件格式，其他格式容易数据导入出错或处理失败。

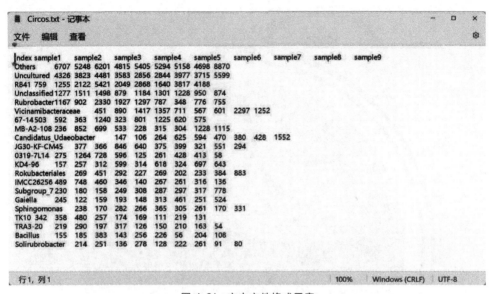

Index	sample1	sample2	sample3	sample4	sample5	sample6	sample7	sample8	sample9
Others	6707	5248	6201	4815	5405	5294	5158	4698	8870
Uncultured	4326	3823	4481	3583	2856	2844	3977	3715	5599
RB41	759	1255	2122	5421	2049	2868	1640	3817	4188
Unclassified	1277	1511	1498	879	1184	1301	1228	950	874
Rubrobacter	1167	902	2330	1927	1297	787	348	776	755
Vicinamibacteraceae	451	890	1417	1357	711	567	601	2297	1252
67-14	503	592	363	1240	323	801	1225	620	571
MB-A2-108	236	852	699	533	228	315	304	1228	1115
Candidatus_Udaeobacter	147	106	264	625	594	470	380	428	1552
JG30-KF-CM45	377	366	846	640	375	399	321	551	294
0319-7L14	275	1264	728	596	125	261	428	413	58
KD4-96	157	257	312	599	314	618	324	697	643
Rokubacteriales	269	451	292	227	269	202	233	384	883
IMCC26256	489	748	460	346	140	267	261	316	136
Subgroup_7	230	180	158	249	308	287	297	317	778
Gaiella	245	122	159	193	148	313	461	251	524
Sphingomonas	238	170	282	266	365	305	261	170	331
TK10	342	358	480	257	174	169	111	219	131
TRA3-20	219	290	197	317	126	150	210	163	54
Bacillus	155	185	383	143	256	226	56	204	108
Solirubrobacter	214	251	136	278	128	222	261	91	80

图 4-21 文本文件格式示意

4.1.4.2 CIRCOS 官网在线绘图

（1）打开 Circos 官网，点击官网首页右上方"CIRCOS ONLINE"选项跳转到在线绘图页面；上下滑动在线绘图页面，查看绘图基本理论与工作流程；在 2A. UPLOAD YOUR FILE 模块下点击"选择文件"，弹出文件选择框，选择目标文件 Circos. txt，点击"打开"上传文件，点击"Visualize Table"按钮开始绘图。

（2）等待片刻，时间长短视情况而定。观察绘制出的 Circos 图，原始设置最大的缺点是物种名称是沿圈图切线排布，文字相互重叠覆盖。

（3）点击"settings"打开参数设置界面；在 settings 界面下，将"settings"＞"LABELS"＞"SEGMENT"＞"parallel"修改为 no，"settings"＞"ROW AND COLUMN"＞"spacing"修改为 very tight，"settings"＞"ROW AND COLUMN"＞"radius"修改为 small，其他保持默认，点击"save"即可保存设置；返回"visualize"界面，再次上传文件计算绘图，即可得到图像。

（4）点击界面上的"data，images（PNG/SVG）and configuration"按钮下载绘图数据与绘图结果。下载 dsadsasaEWQ，解压 circos-tableviewer-gxpbkeu，在文件夹 circos-tableviewer-gxpbkeu>results 中查看结果。若图片中标签显示不全，可以用 AI 打开压缩包中的 SVG 文件，进行画布大小的修改，即可得到完整的弦装图（图 4-22）。

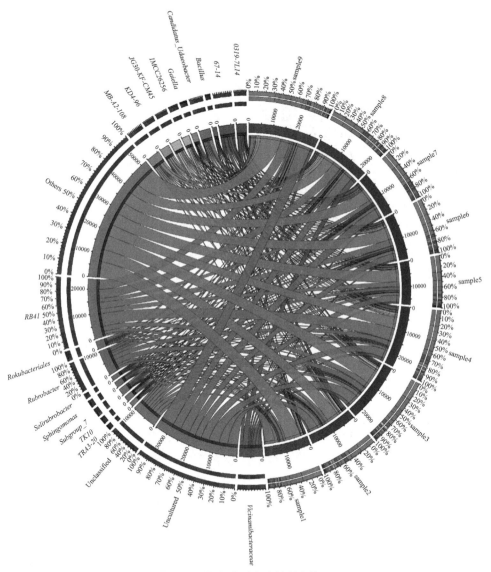

图 4-22　样本-物种丰度关联弦装图

　　样本与物种的共线性关系图，左半边表示每个属水平物种在 9 个样本中相对丰度的情况，右半边表示每个样本中属水平物种的分布比例情况。在最内一圈，左边不同颜色代表不同物种，宽度表示物种相对丰度，圈外数值为物种丰度刻度值。左边物种通过连接分配给右边 9 个样本，右边不同颜色代表不同样本。在最外两圈，左边不同颜色表示某一优势物种分别在不同样本的分布比例，右边不同条带色阶宽度表示该样本中优势物种的相对丰度比例。单从左侧来看，物种 *RB41* 相对丰度比例的加和最大，分布在 9 个样本，在荒漠草原中的相对丰度低于典型草原和草甸草原；物种 *Rubrobacter* 丰度比例加和也较大，但是在草甸草原中相对丰度最低，说明这两个物种虽然是群落中的优势属，但是由于生境的不同，丰度发生了明显的改变。

4.1.5 小结

每种群落结构可视化分析手段所体现出的信息不同。百分比堆积柱状图可以清晰地看出高丰度物种，但是样本间相对丰度的变化规律不太明显；热图以颜色深浅表示丰度大小，可以很明显地区分三种类型草原间物种丰度的变化情况，但是体现不出物种丰度的具体占比；韦恩图便于分析三种类型草原间物种种类数、共有特有物种变化情况；Circos 弦装图同时包含单个样本中不同物种的比例和单个物种在不同样本中的分布情况，精准判断样本间各个物种的变化规律。读者根据研究需求，自行选择合适的即可。

4.2 差异分析

常规的百分比堆积柱状图、热图、韦恩图和样本-物种丰度关联弦装图等微生物群落结构可视化分析能够直观反映生境之间的物种（相对）丰度变化，使用上述可视化分析方法往往多关注高丰度的优势物种和分布不均匀的物种。直观观察到的丰度变化，不具备统计学意义。差异分析一直是高通量测序数据分析中的核心部分。对微生物物种丰度数据进行统计分析，深入挖掘三种类型草原间差异显著的物种，便于结合差异物种分析群落功能。

4.2.1 统计检验

正态分布是统计分析中最重要的分布，也是很多假设检验方法应用的前提条件。正态性检验可以使用偏度系数等统计量或绘制直方图、P-P 图等图形来考察，也可以进行分布的假设检验，其中最常用的检验方法就是单样本柯尔莫戈洛夫-斯米诺夫检验（kolmogorov-smirnov test，K-S test）。K-S test 是一种拟合优度的检验方法，原假设 H_0 为"样本所来自的总体分布服从正态分布"，当检验统计值的渐进显著性 p 值大于 0.05 时，接受原假设。本节重点讲解使用 SPSS 软件基于物种丰度表进行单样本柯尔莫戈洛夫-斯米诺夫检验。

实际操作如下。

4.2.1.1 准备数据

（1）选用属水平物种数据。数据来源于 QIIME2 分析流程输出的物种注释结果，使用 Office Excel 打开 level-6. csv，另存为 level-6. xlsx 文件。打开保存的 level-6. xlsx 文件，点击界面底部加号"＋"新建"正态检验"工作表，复制 level-6 工作表数据内容，粘贴到"正态检验"工作表。将 A 列的"index"改为"sample"在 A 行后插入一行，命名插入行行头为"Type"，根据样本分组信息对 B 列填充样本的"草原类型"。其中，sample1、sample2 和 sample3 属于荒漠草原（desert grassland，DS）；sample4、sample5 和 sample6 属于典型草原（typical grassland，TS）；sample7、sample8 和 sample9 属于草甸草原（meadow grassland，MS）；注意将最后四列分类信息列删除。最后将数据内容转置粘贴就得到了正态检验数据（图 4-23）。

	A	B	C	D	E	F	G	H	I	J
1	sample	sample1	sample2	sample3	sample4	sample5	sample6	sample7	sample8	sample9
2	type	DS	DS	DS	TS	TS	TS	MS	MS	MS
3	d__Bacteria	1167	902	2330	1927	1297	787	348	776	755
4	d__Bacteria	238	35	78	81	148	155	235	114	351
5	d__Bacteria	759	1255	2122	5421	2049	2868	1640	3817	4188
6	d__Bacteria	146	171	321	133	99	116	53	120	55
7	d__Bacteria	451	890	1417	1357	711	567	601	2297	1252
8	d__Bacteria	70	108	132	134	86	95	165	81	46
9	d__Bacteria	118	80	141	302	76	260	327	144	104
10	d__Bacteria	238	170	282	266	365	305	261	170	331
11	d__Bacteria	147	106	264	625	594	470	380	428	1552
12	d__Bacteria	795	574	694	413	483	405	611	508	815
13	d__Bacteria	159	87	122	176	0	0	73	120	47
14	d__Bacteria	857	993	774	702	447	493	1050	957	1559
15	d__Bacteria	87	33	28	68	59	53	94	117	208
16	d__Bacteria	159	43	163	110	132	119	172	98	315
17	d__Bacteria	377	366	846	640	375	399	321	551	294
18	d__Bacteria	448	137	124	334	190	257	753	271	476
19	d__Bacteria	489	748	460	346	140	267	261	316	136
20	d__Bacteria	439	227	211	31	0	4	13	7	52
21	d__Bacteria	503	592	363	1240	323	801	1225	620	575
22	d__Bacteria	46	105	154	175	25	91	178	236	277
23	d__Bacteria	236	852	699	533	228	315	304	1228	1115
24	d__Bacteria	275	1264	728	596	125	261	428	413	58
25	d__Bacteria	64	14	28	32	51	55	93	40	121
26	d__Bacteria	269	451	292	227	269	202	233	384	883
27	d__Bacteria	179	339	109	109	138	132	161	149	85
28	d__Bacteria	155	185	383	143	256	226	56	204	108
29	d__Bacteria	37	9	37	47	94	61	41	36	0
30	d__Bacteria	157	257	312	599	314	618	324	697	643
31	d__Bacteria	45	45	87	44	0	0	0	61	62

图 4-23　正态检验数据

（2）新建"克鲁斯检验"工作表，将"正态检验"表数据转置粘贴到"克鲁斯检验"工作表（图4-24），"克鲁斯检验"数据处理完成。

sample	type	d_Bacteria	d_Bacteria	d_Bacteria	d_Bacteria	d_Bacteria	d_Bacteria	d_Bacteria	d_Bacteria	d_Bacteria	d_Bacteria	d_Bacteria
sample1	DS	1167	238	759	146	451	70	118	238	147	795	159
sample2	DS	902	35	1255	171	890	108	80	170	106	574	87
sample3	DS	2330	78	2122	321	1417	132	141	282	264	694	122
sample4	TS	1927	81	5421	133	1357	134	302	266	625	413	176
sample5	TS	1297	148	2049	99	711	86	76	365	594	483	0
sample6	TS	787	155	2868	116	567	95	260	305	470	405	0
sample7	MS	348	235	1640	53	601	165	327	261	380	611	73
sample8	MS	776	114	3817	120	2297	81	144	170	428	508	120
sample9	MS	755	351	4188	55	1252	46	104	331	1552	815	47

图4-24 克鲁斯检验数据

4.2.1.2 SPSS正态检验

（1）打开SPSS软件，选择"文件"＞"导入数据"＞"Excel"；弹出提示框，选择目标文件level-6.xlsx，点击"打开"；在"工作表"选项框选择"正态检验"工作表数据框［A1：J458］（只需要选择目标工作表，数据框范围自动识别），其他保持默认，点击"确定"完成导入。

（2）全选数据，选择"分析（A）"＞"非参数检验（N）"＞"旧对话框（L）"＞"单样本K-S（1）"，弹出新对话框；将所有样本放到"检验变量列表（T）"框中，检验分布选择"正态（N）"，点击"确定"。

（3）弹出新对话框，查看单样本柯尔莫戈洛夫-斯米诺夫检验结果（图4-25）。所有样本的统计检验的渐近显著性值均小于0.05，判断所有样本数据总体不符合正态分布，所以统计检验方法采用非参数检验。

单样本柯尔莫戈洛夫-斯米诺夫检验

		sample1	sample2	sample3	sample4	sample5	sample6	sample7	sample8	sample9
个案数		456	456	456	456	456	456	456	456	456
正态参数[a,b]	平均值	41.19	43.47	52.21	53.71	38.10	40.93	39.66	48.91	63.16
	标准 偏差	111.976	139.390	195.134	295.282	136.653	162.968	134.464	236.902	256.717
最极端差值	绝对	.356	.378	.395	.428	.390	.401	.384	.418	.403
	正	.309	.335	.332	.373	.315	.330	.347	.365	.352
	负	-.356	-.378	-.395	-.428	-.390	-.401	-.384	-.418	-.403
检验统计		.356	.378	.395	.428	.390	.401	.384	.418	.403
渐近显著性（双尾）		.000[c]	.000[c]	.000[c]	.000[c]	.000[c]	.000[c]	.000[c]	.000[c]	.000[c]

a. 检验分布为正态分布。

b. 根据数据计算。

c. 里利氏显著性修正。

图4-25 单样本柯尔莫戈洛夫-斯米诺夫检验结果

4.2.1.3 SPSS克鲁斯检验

非参数统计方法主要用于那些总体分布不能用有限个实参数来刻画，或者不考虑被研究的对象为何种分布以及分布是否已知的情形，这种检验方法的着眼点不是总体的有关参数的比较，其推断方法和总体分布无关，它们进行的并非是参数间的比较，而是分布位置、分布形状之间的比较，研究目标总体与理论总体分布是否相同，或者各样本所在总体的分布位置是否相同等，不受总体分布的限定、适用范围广，故而称为非参数检验。本节重点讲解使用 SPSS 软件基于物种丰度表进行多个独立样本的克鲁斯卡尔-沃利斯检验（Kruskal-Wallis H）。

（1）打开 SPSS 软件，选择“文件”＞“导入数据”＞“Excel”；弹出提示框，选择目标文件 level-6. xlsx，点击“打开”。在“工作表”选项框选择“克鲁斯检验”工作表数据框［A1：QP10］（只需要选择目标工作表，数据框范围自动识别），其他保持默认，点击“确定”完成导入。

（2）导入数据成功，在“变量视图”界面将所有丰度数据变量的“测量”类型改成“标度”，样本信息与样本分组信息的“测量”类型改成“名义”（图 4-26）。

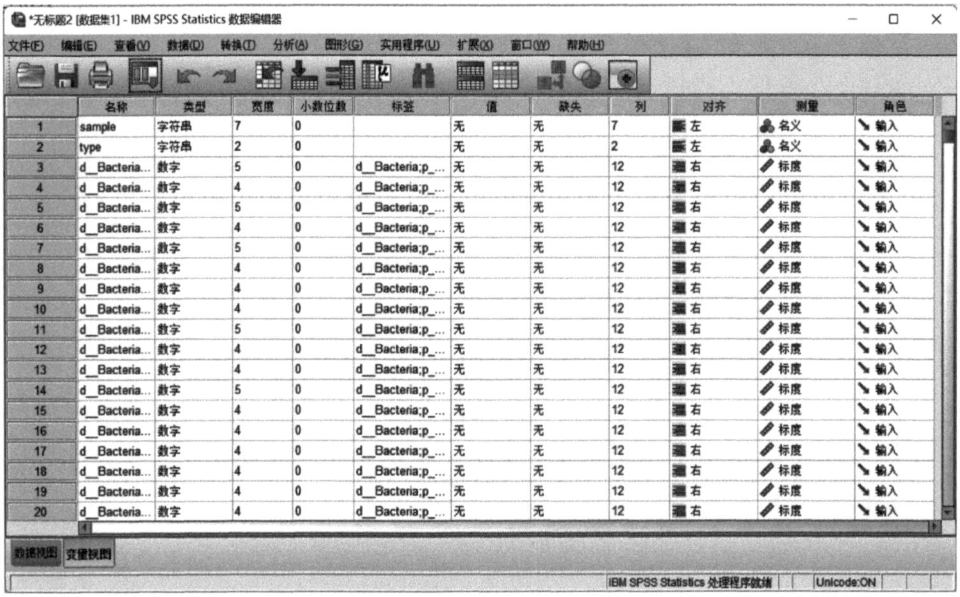

	名称	类型	宽度	小数位数	标签	值	缺失	列	对齐	测量	角色
1	sample	字符串	7	0		无	无	7	左	名义	输入
2	type	字符串	2	0		无	无	2	左	名义	输入
3	d__Bacteria...	数字	5	0	d__Bacteria;p_...	无	无	12	右	标度	输入
4	d__Bacteria...	数字	4	0	d__Bacteria;p_...	无	无	12	右	标度	输入
5	d__Bacteria...	数字	5	0	d__Bacteria;p_...	无	无	12	右	标度	输入
6	d__Bacteria...	数字	4	0	d__Bacteria;p_...	无	无	12	右	标度	输入
7	d__Bacteria...	数字	5	0	d__Bacteria;p_...	无	无	12	右	标度	输入
8	d__Bacteria...	数字	4	0	d__Bacteria;p_...	无	无	12	右	标度	输入
9	d__Bacteria...	数字	4	0	d__Bacteria;p_...	无	无	12	右	标度	输入
10	d__Bacteria...	数字	4	0	d__Bacteria;p_...	无	无	12	右	标度	输入
11	d__Bacteria...	数字	5	0	d__Bacteria;p_...	无	无	12	右	标度	输入
12	d__Bacteria...	数字	4	0	d__Bacteria;p_...	无	无	12	右	标度	输入
13	d__Bacteria...	数字	4	0	d__Bacteria;p_...	无	无	12	右	标度	输入
14	d__Bacteria...	数字	5	0	d__Bacteria;p_...	无	无	12	右	标度	输入
15	d__Bacteria...	数字	4	0	d__Bacteria;p_...	无	无	12	右	标度	输入
16	d__Bacteria...	数字	4	0	d__Bacteria;p_...	无	无	12	右	标度	输入
17	d__Bacteria...	数字	4	0	d__Bacteria;p_...	无	无	12	右	标度	输入
18	d__Bacteria...	数字	4	0	d__Bacteria;p_...	无	无	12	右	标度	输入
19	d__Bacteria...	数字	4	0	d__Bacteria;p_...	无	无	12	右	标度	输入
20	d__Bacteria...	数字	4	0	d__Bacteria;p_...	无	无	12	右	标度	输入

图 4-26　信息修改

（3）全选所有数据，选择“分析”＞“非参数检验”＞“独立样本”；弹出提示框，在“目标”界面提示框“您的目标是什么?”中，选择“定制分析（C）”；在“字段”界面，将所有物种数据变量放到“检验字段”框中，将 type 放入“组”框中；点击“运行”开始计算，计算完成，弹出窗口。

（4）在结果输出框中查看“假设检验摘要”部分，挑出“决策”列是“拒绝原假设”的物种；记录所有“决策”是“拒绝原假设”，说明是组间差异物种（原假设是某物种丰度在 DS 组、TS 组和 MS 组之间没有差异）。图 4-27 中第 91 行、第 93 行和第 94 行为差异物种。

91	在 Type 的类别中，d__Bacteria; p__Acidobacteriota; c__Thermoanaerobaculia; o__Thermoanaerobaculales; f__Thermoanaerobaculaceae; g__Subgroup_10 的分布相同。	独立样本克鲁斯卡尔-沃利斯检验	.039	拒绝原假设。
92	在 Type 的类别中，d__Bacteria; p__Chloroflexi;c__Chloroflexia; o__Chloroflexales; f__Roseiflexaceae; g__uncultured 的分布相同。	独立样本克鲁斯卡尔-沃利斯检验	.065	保留原假设。
93	在 Type 的类别中，d__Bacteria; p__Acidobacteriota; c__Holophagae; o__Subgroup_7;f__Subgroup_7; g__Subgroup_7 的分布相同。	独立样本克鲁斯卡尔-沃利斯检验	.039	拒绝原假设。
94	在 Type 的类别中，d__Bacteria; p__Acidobacteriota; c__Blastocatellia; o__Blastocatellales; f__Blastocatellaceae; g__Aridibacter 的分布相同。	独立样本克鲁斯卡尔-沃利斯检验	.050	拒绝原假设。

图 4-27　拒绝原假设示例

（5）整合三种草原类型之间具有显著性差异的所有物种（图 4-28）。

独立样本克鲁斯卡尔-沃利斯检验	
差异物种（细菌）	P
d__Bacteria;p__Actinobacteriota;c__Thermoleophilia;o__Gaiellales;f__uncultured;g__uncultured	0.039
d__Bacteria;p__Proteobacteria;c__Alphaproteobacteria;o__Rhizobiales;f__Beijerinckiaceae;g__uncultured 。	0.046
d__Bacteria;p__Proteobacteria;c__Alphaproteobacteria;o__Rhodobacterales;f__Rhodobacteraceae;g__Rubellimicrobium	0.022
d__Bacteria;p__Methylomirabilota;c__Methylomirabilia;o__Rokubacterales;f__WX65;g__WX65	0.034
d__Bacteria;p__Acidobacteriota;c__Thermoanaerobaculia;o__Thermoanaerobaculales;f__Thermoanaerobaculaceae;g__Subgroup_10	0.039
d__Bacteria;p__Acidobacteriota;c__Holophagae;o__Subgroup_7;f__Subgroup_7;g__Subgroup_7	0.039
d__Bacteria;p__Acidobacteriota;c__Blastocatellia;o__Blastocatellales;f__Blastocatellaceae;g__Aridibacter	0.050
d__Bacteria;p__Proteobacteria;c__Gammaproteobacteria;o__Burkholderiales;f__Comamonadaceae;g__Ramlibacter	0.050
d__Bacteria;p__Proteobacteria;c__Alphaproteobacteria;o__Rhizobiales;f__Rhizobiaceae;g__Ensifer	0.021
d__Bacteria;p__Actinobacteriota;c__Actinobacteria;o__Frankiales;f__uncultured;g__uncultured	0.022
d__Bacteria;p__Proteobacteria;c__Alphaproteobacteria;o__Rhizobiales;f__Methyloligellaceae;__	0.035
d__Bacteria;p__Proteobacteria;c__Alphaproteobacteria;o__Rhizobiales;f__Methyloligellaceae;g__uncultured	0.034
d__Bacteria;p__Actinobacteriota;c__Actinobacteria;o__Euzebyales;f__Euzebyaceae;g__uncultured	0.035
d__Bacteria;p__Bacteroidota;c__Bacteroidia;o__Cytophagales;f__Hymenobacteraceae;g__Adhaeribacter	0.035
d__Bacteria;p__Actinobacteriota;c__Actinobacteria;o__Micrococcales;f__Micrococcaceae;g__Arthrobacter	0.046
d__Bacteria;p__NB1-j;c__NB1-j;o__NB1-j;f__NB1-j;g__NB1-j	0.034
d__Bacteria;p__Myxococcota;c__Myxococcia;o__Myxococcales;f__Myxococcaceae;__	0.035
d__Bacteria;p__Proteobacteria;c__Alphaproteobacteria;o__Rhizobiales;f__Hyphomicrobiaceae;g__Hyphomicrobium	0.022
d__Bacteria;p__Actinobacteriota;c__Actinobacteria;o__Propionibacteriales;f__Propionibacteriaceae;	0.035
d__Bacteria;p__Proteobacteria;c__Alphaproteobacteria;o__Acetobacterales;f__Acetobacteraceae;g__Rubritepida	0.022
d__Bacteria;p__Verrucomicrobiota;c__Verrucomicrobiae;o__Chthoniobacterales;f__Xiphinematobacteraceae;g__Candidatus_Xiphinematobacter	0.035
d__Bacteria;p__Chloroflexi;c__Chloroflexia;o__Kallotenuales;f__AKIW781;g__AKIW781	0.035
d__Bacteria;p__Actinobacteriota;c__Acidimicrobiia;o__Microtrichales;f__Ilumatobacteraceae;g__Ilumatobacter	0.022
d__Bacteria;p__Acidobacteriota;c__Blastocatellia;o__Blastocatellales;f__Blastocatellaceae;g__Stenotrophobacter	0.035
d__Bacteria;p__Chloroflexi;c__Anaerolineae;o__Ardenticatenales;f__Ardenticatenaceae;g__uncultured	0.022
d__Bacteria;p__Actinobacteriota;c__Actinobacteria;o__Pseudonocardiales;f__Pseudonocardiaceae;g__Saccharothrix	0.035
d__Bacteria;p__Verrucomicrobiota;c__Verrucomicrobiae;o__Verrucomicrobiales;f__Verrucomicrobiaceae;g__uncultured	0.046
d__Bacteria;p__Acidobacteriota;c__Subgroup_22;o__Subgroup_22;f__Subgroup_22;g__Subgroup_22	0.035

图 4-28　独立样本克鲁斯检验差异物种

4.2.2 LEfSe 在线分析

LDA Effect Size 分析（linear discriminant analysis effect size，LEfSe）是一种用于识别高维数据生物标志（分类水平、代谢通路和基因）和揭示基因组特征的分析工具，既可以实现两组或多组间的比较，也可对组内亚组之间进行比较分析，从而找到（亚）组间在丰度上有显著差异的物种，即识别解释两组或两组以上的生物标志（biomarker）。

LEfSe 算法强调统计学意义和生物相关性，帮助研究人员识别不同丰度的特征及其关联类别。LEfSe 分析首先使用非参数因子克鲁斯卡尔秩和检验（kruskal-wallis sum-rank test）检测不同分组间具有显著性差异丰度的物种（特征），然后使用威尔科克森秩和检验（wilcoxon sum-rank test）测试上步检测出的组间差异物种在不同组的差异一致性，最后采用线性回归分析（LDA）来估算每个物种（特征）丰度对差异贡献的大小，确定最有可能解释组别差异的物种（特征）。

4.2.2.1 准备数据

（1）数据格式转换。物种数据来源于扩增子分析流程输出的物种注释表，选用属水平物种数据。在 QIIME2 共享文件夹下，解压缩 taxa-bar-plots-Bacteria-silva. qzv，选择 taxa-bar-plots-Bacteria-silva＞12ff008a-3314-4eeb-9e8e-9700787c92b8＞data＞level-6. csv（属水平），使用 Office Excel 打开 level-6. csv，复制 level-6 工作表内容，转置粘贴到新建工作簿 LEfSE. xlsx 的 sheet1 工作表上。在不同分类水平上研究微生物群落结构的数据准备工作非常相似，具体实操方法与详细说明参考 4.1.1.1 准备数据。

（2）在表头添加一行，A1 单元格输入"class"，A2 单元格输入"subclass"。class 行设为样本对应的草原类型，subclass 行内容不变，即原样本名。备份 Sheet1 数据到 Sheet2，并基于 Sheet2 继续处理。先在 A 列后插入 5 列，将 A 列以分隔符";"进行分列，然后对 1 行和 2 行进行填充"class"和"subclass"；不对 Unclassified 和 Uncultured 进行处理，因为它们也属于唯一的生物类群。

（3）合并 A～F 列。首先在 G 列前插入两列，表头"class"和"subclass"保持不变。第一列填充满"｜"，在 H3 单元格输入公式"＝A3&G3&B3&G3&C3&G3&D3&G3&E3&G3&F3"，下拉填充柄即可完成合并，复制 H 列并原位粘贴为"值"纯文本格式；删除 A～G 列后，数据处理完成（图 4-29）。

（4）保存文件。另存为纯文本制表符分隔格式，文件名为 LEfse 分析 .txt；文件内容见图 4-30，输入文件由物种列表、（亚）分组变量和物种丰度矩阵组成。

图 4-29 合并 A 列

	A	B	C	D
1	class	DS	DS	DS
2	subclass	sample1	sample2	sample3
3	d__Bacteria|p__Gemmatimonadota|c__Longimicrobia|o__Longimicrobiales|f__Longimicrobiaceae|g__YC-ZSS-LKJ147	0	0	7
4	d__Bacteria|p__Methylomirabilota|c__Methylomirabilia|o__Rokubacteriales|f__WX65|g__WX65	0	0	0
5	d__Bacteria|p__Patescibacteria|c__Saccharimonadia|o__Saccharimonadales|f__WWH38|g__WWH38	0	0	0
6	d__Bacteria|p__WS2|c__WS2|o__WS2|f__WS2|g__WS2	0	5	10
7	d__Bacteria|p__WPS-2|c__WPS-2|o__WPS-2|f__WPS-2|g__WPS-2	0	0	0
8	d__Bacteria|p__Planctomycetota|c__Phycisphaerae|o__Tepidisphaerales|f__WD2101_soil_group|g__WD2101_soil_group	0	2	0
9	d__Bacteria|p__Proteobacteria|c__Gammaproteobacteria|o__Nitrosococcales|f__Nitrosococcaceae|g__wb1-P19	439	227	211
10	d__Bacteria|p__Actinobacteriota|c__Actinobacteria|o__Micromonosporales|f__Micromonosporaceae|g__Virgisporangium	22	59	0
11	d__Bacteria|p__Acidobacteriota|c__Vicinamibacteria|o__Vicinamibacterales|f__Vicinamibacteraceae|g__Vicinamibacteraceae	451	890	1417
12	d__Bacteria|p__Acidobacteriota|c__Vicinamibacteria|o__Vicinamibacterales|f__Vicinamibacteraceae|g__Vicinamibacter	52	44	90
13	d__Bacteria|p__Myxococcota|c__Polyangia|o__VHS-B3-70|f__VHS-B3-70|g__VHS-B3-70	0	11	0
14	d__Bacteria|p__Proteobacteria|c__Gammaproteobacteria|o__Burkholderiales|f__Comamonadaceae|g__Variovorax	0	0	0
15	d__Bacteria|p__Bacteroidota|c__Bacteroidia|o__Chitinophagales|f__Chitinophagaceae|g__UTBCD1	9	0	0
16	d__Bacteria|p__Myxococcota|c__Polyangia|o__UASB-TL25|f__UASB-TL25|g__UASB-TL25	0	0	0
17	d__Bacteria|p__Firmicutes|c__Bacilli|o__Alicyclobacillales|f__Alicyclobacillaceae|g__Tumebacillus	5	0	0
18	d__Bacteria|p__Deinococcota|c__Deinococci|o__Deinococcales|f__Trueperaceae|g__Truepera	0	0	19
19	d__Bacteria|p__Proteobacteria|c__Gammaproteobacteria|o__Burkholderiales|f__TRA3-20|g__TRA3-20	219	290	197
20	d__Bacteria|p__Patescibacteria|c__Saccharimonadia|o__Saccharimonadales|f__Saccharimonadaceae|g__TM7a	43	34	0
21	d__Bacteria|p__Patescibacteria|c__Saccharimonadia|o__Saccharimonadales|f__S32|g__TM7	0	33	0
22	d__Bacteria|p__Chloroflexi|c__TK10|o__TK10|f__TK10|g__TK10	342	358	480
23	d__Bacteria|p__Chloroflexi|c__Chloroflexia|o__Thermobaculales|f__Thermobaculaceae|g__Thermobaculum	0	0	8
24	d__Bacteria|p__Bacteroidota|c__Bacteroidia|o__Chitinophagales|f__Chitinophagaceae|g__Terrimonas	35	0	0
25	d__Bacteria|p__Actinobacteriota|c__Actinobacteria|o__Micrococcales|f__Intrasporangiaceae|g__Terrabacter	0	0	0
26	d__Bacteria|p__Bacteroidota|c__Bacteroidia|o__Chitinophagales|f__Chitinophagaceae|g__Taibaiella	10	0	4
27	d__Bacteria|p__Proteobacteria|c__Gammaproteobacteria|o__Nitrosococcales|f__Nitrosococcaceae|g__SZB85	0	10	11
28	d__Bacteria|p__Proteobacteria|c__Alphaproteobacteria|o__Caulobacterales|f__Hyphomonadaceae|g__SWB02	0	0	0
29	d__Bacteria|p__Sumerlaeota|c__Sumerlaeia|o__Sumerlaeales|f__Sumerlaeaceae|g__Sumerlaea	0	0	8
30	d__Bacteria|p__Proteobacteria|c__Gammaproteobacteria|o__Acidiferrobacterales|f__Acidiferrobacteraceae|g__Sulfurifustis	0	0	0
31	d__Bacteria|p__Acidobacteriota|c__Holophagae|o__Subgroup_7|f__Subgroup_7|g__Subgroup_7	230	180	158
32	d__Bacteria|p__Acidobacteriota|c__Subgroup_5|o__Subgroup_5|f__Subgroup_5|g__Subgroup_5	0	0	0
33	d__Bacteria|p__Acidobacteriota|c__Subgroup_25|o__Subgroup_25|f__Subgroup_25|g__Subgroup_25	22	20	8
34	d__Bacteria|p__Acidobacteriota|c__Subgroup_22|o__Subgroup_22|f__Subgroup_22|g__Subgroup_22	0	0	0
35	d__Bacteria|p__Acidobacteriota|c__Subgroup_20|o__Subgroup_20|f__Subgroup_20|g__Subgroup_20	0	0	0
36	d__Bacteria|p__Acidobacteriota|c__Subgroup_18|o__Subgroup_18|f__Subgroup_18|g__Subgroup_18	0	10	0
37	d__Bacteria|p__Acidobacteriota|c__Vicinamibacteria|o__Subgroup_17|f__Subgroup_17|g__Subgroup_17	7	32	27

图 4-29 合并 A 列

```
■ LEfse分析.txt - 记事本                                                    -  □  ×
文件  编辑  查看                                                                 ⚙

class DS    DS    DS    TS    TS    TS    MS    MS    MS
subclass  sample1  sample2  sample3  sample4  sample5  sample6  sample7  sample8  sample9
d__Bacteria|p__Gemmatimonadota|c__Longimicrobia|o__Longimicrobiales|f__Longimicrobiaceae|g__YC-ZSS-LKJ147 0  0  7  0  0  0  0  0  10
d__Bacteria|p__Methylomirabilota|c__Methylomirabilia|o__Rokubacteriales|f__WX65|g__WX65 0  0  0  0  9  12  20  46  173
d__Bacteria|p__Patescibacteria|c__Saccharimonadia|o__Saccharimonadales|f__WWH38|g__WWH38 0  0  0  0  0  0  8  0  4  6
d__Bacteria|p__WS2|c__WS2|o__WS2|f__WS2|g__WS2 0  5  10  15  0  8  0  8
d__Bacteria|p__WPS-2|c__WPS-2|o__WPS-2|f__WPS-2|g__WPS-2 0  0  0  3  2  6  0  3  0
d__Bacteria|p__Planctomycetota|c__Phycisphaerae|o__Tepidisphaerales|f__WD2101_soil_group|g__WD2101_soil_group 0  2  0  0  0  19  0
d__Bacteria|p__Proteobacteria|c__Gammaproteobacteria|o__Nitrosococcales|f__Nitrosococcaceae|g__wb1-P19 439  227  211  31  0  4  13
d__Bacteria|p__Actinobacteriota|c__Actinobacteria|o__Micromonosporales|f__Micromonosporaceae|g__Virgisporangium 22  59  0  0  0  50
d__Bacteria|p__Acidobacteriota|c__Vicinamibacteria|o__Vicinamibacterales|f__Vicinamibacteraceae|g__Vicinamibacteraceae 451  890  1417  1357  711
d__Bacteria|p__Acidobacteriota|c__Vicinamibacteria|o__Vicinamibacterales|f__Vicinamibacteraceae|g__Vicinamibacter 52  44  90  61  22  57
d__Bacteria|p__Myxococcota|c__Polyangia|o__VHS-B3-70|f__VHS-B3-70|g__VHS-B3-70 0  11  0  0  0  0  0
d__Bacteria|p__Proteobacteria|c__Gammaproteobacteria|o__Burkholderiales|f__Comamonadaceae|g__Variovorax 0  0  0  0  0  20
d__Bacteria|p__Bacteroidota|c__Bacteroidia|o__Chitinophagales|f__Chitinophagaceae|g__UTBCD1 9  0  0  0  0  23  0  31
d__Bacteria|p__Myxococcota|c__Polyangia|o__UASB-TL25|f__UASB-TL25|g__UASB-TL25 0  0  0  4  10  0  5
d__Bacteria|p__Firmicutes|c__Bacilli|o__Alicyclobacillales|f__Alicyclobacillaceae|g__Tumebacillus 5  0  0  0  0  0  0
d__Bacteria|p__Deinococcota|c__Deinococci|o__Deinococcales|f__Trueperaceae|g__Truepera 0  0  19  0  0  0  0
d__Bacteria|p__Proteobacteria|c__Gammaproteobacteria|o__Burkholderiales|f__TRA3-20|g__TRA3-20 219  290  197  317  126  150  210  163  54
d__Bacteria|p__Patescibacteria|c__Saccharimonadia|o__Saccharimonadales|f__Saccharimonadaceae|g__TM7a 43  34  0  22  44  39  0
d__Bacteria|p__Patescibacteria|c__Saccharimonadia|o__Saccharimonadales|f__S32|g__TM7 0  33  0  0  0  0  34
d__Bacteria|p__Chloroflexi|c__TK10|o__TK10|f__TK10|g__TK10 342  358  480  257  174  169  111  219  131
d__Bacteria|p__Chloroflexi|c__Chloroflexia|o__Thermobaculales|f__Thermobaculaceae|g__Thermobaculum 0  0  8  0  0  0  0  0
d__Bacteria|p__Bacteroidota|c__Bacteroidia|o__Chitinophagales|f__Chitinophagaceae|g__Terrimonas 35  0  0  32  16  21  20  60
d__Bacteria|p__Actinobacteriota|c__Actinobacteria|o__Micrococcales|f__Intrasporangiaceae|g__Terrabacter 0  0  0  14  0  0  0
d__Bacteria|p__Bacteroidota|c__Bacteroidia|o__Chitinophagales|f__Chitinophagaceae|g__Taibaiella 10  0  4  7  0  0  0  0
d__Bacteria|p__Proteobacteria|c__Gammaproteobacteria|o__Nitrosococcales|f__Nitrosococcaceae|g__SZB85 0  10  11  0  0  0  0
d__Bacteria|p__Proteobacteria|c__Alphaproteobacteria|o__Caulobacterales|f__Hyphomonadaceae|g__SWB02 0  0  0  5  0  0  0
d__Bacteria|p__Sumerlaeota|c__Sumerlaeia|o__Sumerlaeales|f__Sumerlaeaceae|g__Sumerlaea 0  0  8  0  0  0  0  0

行 60, 列 78                                       100%    Windows (CRLF)   UTF-8
```

图 4-30 纯文本格式数据示意

第 4 章 微生物群落结构及差异分析 —— 125

4.2.2.2 LEfSe 在线分析

（1）打开 LEfSe 官网，点击页面左侧 "LEfSe" 按钮，下滑弹出 6 个步骤（A～F）。

（2）点击页面左上方 "Download from web or upload from disk" 按钮或者选择 "Get Data" > "Upload File from your computer" > "Choose local file"，弹出新对话框，选择目标文件 LEfSe.txt，点击 "打开"；点击 "Start" 按钮将标准格式的文件上传至网站，点击 "Close" 关闭数据加载页面。

（3）执行 A）Format Data for LEfSe。指定 class 与 subclass 对应数据行，点击 "Execute" 进行数据格式化，输出结果展示在右侧，可以下载或者在线编辑（图 4-31）。如果有运行错误会报错（红色），可以查看错误，进行修改，重新运行。

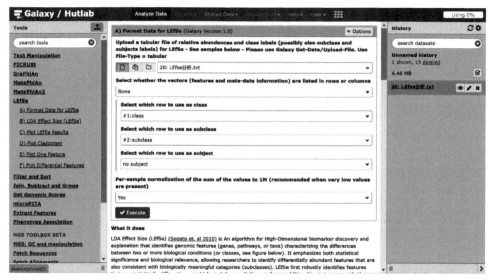

图 4-31 执行 A）Format Data for LEfSe

（4）执行 B）LDA Effect Size（LEfSe）。如果 Set the strategy for multi-class analysis 选项选择 "One-against-all（less strict）"，Threshold on the logarithmic LDA score for discriminative features 选项则设为 2，默认 2.0，即 LDA 值的绝对值大于 2 才被认为是具有显著差异。点击 "Execute" 进行差异统计检验，检验完成。点击右侧 B）LDA Effect Size 步骤的 "小眼睛"，查看输出结果（图 4-32）。其中，第一列是物种信息，即微生物类群名称；第二列是每种微生物类群在各分组类别中丰度平均值的最大值的 log10，如果平均丰度小于 10，则按照 10 来计算，用于计算的是用 LEfSe 内置标准化方法标准化后的丰度；第三列是差异物种富集的组别名称；第四列是 LDA 值，用以评估观测到的组间差异的效应大小，LDA 值越高代表该微生物类群越重要；第五列是 Kruskal-Wallis 秩和检验的 p 值，p 值小于 0.05 的微生物类群是解释分组间显著差异的差异物种（biomaker），否则显示为"_"。

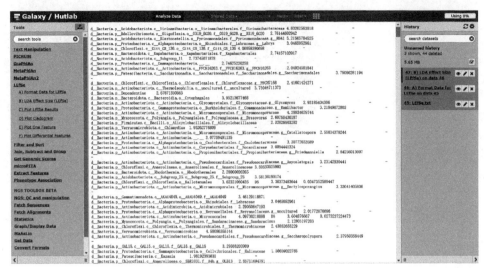

图 4-32　查看输出结果

（5）执行 C）Plot LEfSe Results。参数保持默认，点击"Execute"进行 LEfSe 结果可视化；点击 C）Plot LEfSe Result 步骤的"小眼睛"，查看输出结果（图 4-33）。

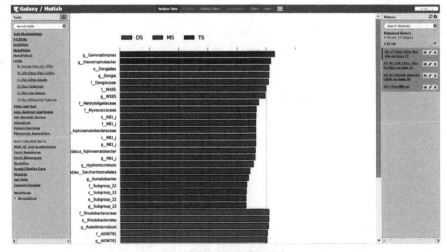

图 4-33　Plot LEfSe 结果

（6）执行 D）Plot Cladogram。参数保持默认选项，点击"Execute"绘制进化分支图。进化分支图绘制完成，结果见图 4-34。

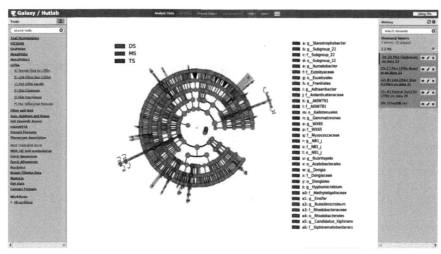

图 4-34　进化分支图

💡 **知识拓展**

如果觉得图 4-34 中黄圆圈（无显著差异物种）过于密集影响观测，可以通过编辑 B）LDA Effect Size（LEfSe）的输出结果，删除部分无显著差异的微生物类群。将编辑后的表读入 Galaxy 并作为 LEfSe 模块 D 的输入文件，上传数据时选择"lefse_internal_res"文件格式。

（7）执行 E）Plot One Feature。在栏框中选择某一物种，点击"Execute"绘制单变量的丰度分布，即绘制某一个物种在不同组（或样品）中的相对丰度柱状图。

（8）单变量的丰度分布图绘制结果见图 4-35。

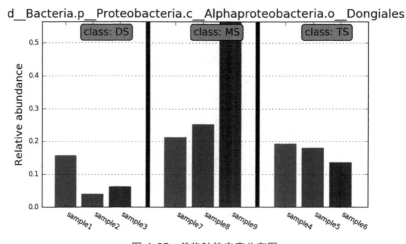

图 4-35　单物种的丰度分布图

（9）执行 F）Plot Differential Features。点击"Execute"绘制差异物种或基因柱状图，输入设置与 E）步骤基本类似。F）与 E）的区别在于 E）每次只能绘制一张图，F）可以一次性绘制所有差异物种（biomarker）的丰度柱状图。可以考虑跳过 E），直接执行 F），F）的结果一般以压缩包格式输出，下载到本地解压后即可查看每个 biomarker 在不同样品中的丰度柱状图。

（10）点击 F）Plot Differential Features 中的"小眼睛"即可下载压缩包，解压缩即可查看输出图片。

（11）LDA 值分布柱状图见图 4-36。

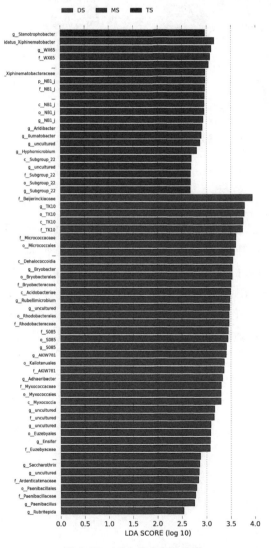

图 4-36　LDA 值分布柱状图

图 4-36 以柱形图的形式展示了差异显著的微生物类群，颜色代表该类群富集的分组。数值为线性判别得分（log10 转化），值越高代表其对观测到的组间差异贡献越大，即该微生物类群是更重要的 biomaker。

（12）进化分支图见图 4-37。

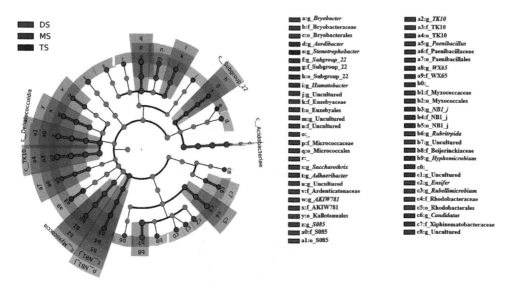

图 4-37　进化分支图

图 4-37 中由内至外辐射的圆圈代表了由门至属的分类水平，中心位置的黄圆圈是界水平，最外一圈圆圈是属水平。不同分类水平上的每一个小圆圈代表该水平下的一个类群，小圆圈的直径大小与相对丰度大小呈正比。无显著差异的物种统一着色为黄色，差异显著的物种（biomarker）随组别进行着色，红色节点表示在荒漠草原中起到重要标识作用的微生物类群，与其他组有显著性差异。图中显示的 biomarker 对应的物种类群信息会展示在右侧，字母编号与图中对应。

第**5**章

基因功能预测

16S rRNA 基因的高通量测序是研究自然环境和宿主相关环境中微生物群落分类或系统发育组成的有力手段，然而，许多生物地球化学和生态学问题更需要微生物群落功能信息来解决，比如厌氧发酵时不同微生物在不同发酵阶段有什么样的功能，分别起着什么样的作用。在评估不断变化的环境条件或人为干扰对生态系统服务的影响时，调查微生物群落的组成与功能尤其重要。

"功能"通常是指基因家族（gene family），例如 KEGG（Kyoto encyclopedia of genes and genomes，京都基因与基因组数据库）直系同源物和酶分类编号，但可以预测任何一个任意的特性。功能预测是指根据基因测序图谱预测细菌群落的代谢通路与功能潜力。在过去几年中，已经开发了几种免费可用的工具，如 PICRUSt（phylogenetic investigation of communities by reconstruction of unobserved states）、Tax4Fun、Piphillin、Faprotax 和 paprica 等，用于预测从 16S rRNA 基因序列数据推断功能谱。根据已知的微生物基因组数据，对菌群的测序数据进行代谢功能的预测，从而把物种的"身份"和它们的"功能"对应起来。虽然这些工具不能完全取代基于宏基因组鸟枪测序的功能评估，但它们能够为不同生境中原核生物群落的功能潜力提供独特的见解，并具有较强的特异性。根据菌群标记基因的代谢功能预测结果，既能利用高性价比的扩增子测序数据窥探菌群功能谱的全貌，也能为研究者筛选后续研究的样本、完善宏基因组测序的实验设计提供指导。

5.1 PICRUSt2

起初，微生物群落标记基因测序无法提供有关样本群落功能组成的信息，2013

年开发的 PICRUSt1 改变了这一局面，可根据标记基因测序图谱预测细菌群落的功能潜力。PICRUSt2 是 PICRUSt1 的升级版，PICRUSt2 拥有更新的、更大的基因家族和参考基因组（reference genomes）数据库，并允许添加自定义参考数据库。可与任何可操作的分类单位（OTU）筛选或去噪算法兼容，并能够进行表型预测（phenotype predictions）。基准测试表明，PICRUSt2 比其他竞争方法总体上更准确。使用 PICRUSt2 软件，对菌群功能分析，得到不同样品细菌功能预测信息，实质是将菌群组成数据"映射"到已知的基因功能谱数据库中，实现对菌群代谢功能的预测。

　　优化基因组预测可能会提高功能预测的准确性。因此，PICRUSt2 算法优化了基因组预测的步骤，包括将序列置于参考系统发育树中，而不局限于有参 OTU 的预测；基于更大的参考基因组和基因家族数据库的预测；更严格地预测通路丰度；并能够预测复杂的表型和集成自定义数据库（图 5-1）。

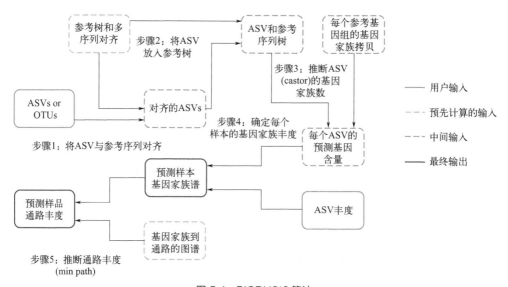

图 5-1　PICRUSt2 算法

5.1.1　配置环境

　　PICRUSt2 仅支持 Linux 或 Mac 系统，且运行至少需要 16G 内存。若需要使用其他配置方法，可以到官网中查看。

　　（1）添加 bioconda 通道与清华源镜像，加速下载。

conda config --add channels bioconda

conda config --add channels conda-forge

conda config --add channels https：//mirrors.tuna.tsinghua.edu.cn/anacon-da/cloud/msys2/

conda config --add channels https：//mirrors. tuna. tsinghua. edu. cn/anacon-da/pkgs/free/

conda config --add channels https：//mirrors. tuna. tsinghua. edu. cn/anacon-da/pkgs/main/

conda config --add channels https：//mirrors. tuna. tsinghua. edu. cn/anacon-da/cloud/bioconda/

conda config --set show_channel_urls yes

（2）访问 PICRUSt2 官网查看最新版本，本节采用 picrust2 v2.5.0 版本进行实操。

在官网中获取源码下载链接，wget 下载后解压。

wget https：//github. com/picrust/picrust2/archive/refs/tags/v2.5.0. tar. gz

tar xvzf v2.5.0. tar. gz

（3）cd 进入 picrust2-2.5.0，创建并激活环境，然后使用 pip 安装 PICRUSt2。

cd picrust2-2.5.0/

conda env create-f picrust2-env. yaml

如果某一个包下载失败，会导致本步无法运行成功，再把命令重新运行一次即可。

conda activate picrust2

pip install --editable.

（4）运行测试以验证安装，如图 5-2 中显示的情况即为配置成功。

pytest

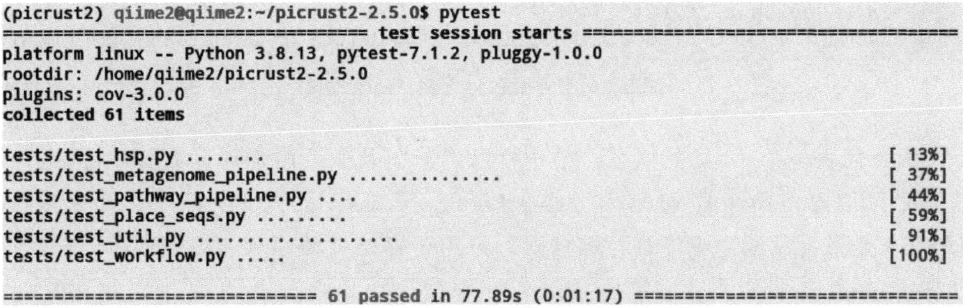

```
(picrust2) qiime2@qiime2:~/picrust2-2.5.0$ pytest
=============================== test session starts ===============================
platform linux -- Python 3.8.13, pytest-7.1.2, pluggy-1.0.0
rootdir: /home/qiime2/picrust2-2.5.0
plugins: cov-3.0.0
collected 61 items

tests/test_hsp.py ........                                               [ 13%]
tests/test_metagenome_pipeline.py ...............                       [ 37%]
tests/test_pathway_pipeline.py ....                                      [ 44%]
tests/test_place_seqs.py .........                                       [ 59%]
tests/test_util.py ....................                                  [ 91%]
tests/test_workflow.py .....                                             [100%]

============================== 61 passed in 77.89s (0:01:17) ==============================
```

图 5-2 picrust2 安装验证成功界面

5.1.2 标准分步流程

PICRUSt2 直接根据 ASV 的代表序列完成物种注释，并进一步根据物种组成与丰度预测群落功能。PICRUSt2 的输入文件来自 dada2-table-paired. qza 特征表文件和 dada2-repset-seqs-paired. qza 代表序列文件，将 qza 文件解压缩后，在 data 文件夹里分别找到文件 feature-table. biom 和 dna-sequences. fasta，放到共享文件夹 PICRUSt2（share 文件）下（图 5-3）。

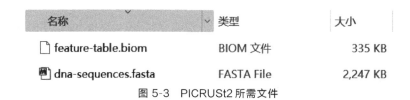

名称	类型	大小
feature-table.biom	BIOM 文件	335 KB
dna-sequences.fasta	FASTA File	2,247 KB

图 5-3　PICRUSt2 所需文件

dna-sequences. fasta 文件包含了所有 ASV 代表序列。可以用 notepad＋＋软件查看文件内容（图 5-4），也可以在终端输入命令 head-n 6 dna-sequences. fasta 进行查看。

```
dna-sequences.fasta
 1 >69c6670eac407712dff9e575ed6b95d4
 2 CCAGGAATCTTGGGCAATGGGCGAAAGCCTGACCCAGCAACACCGTGTGGGCGATGAAGGCCTTCGGGTC
 3 >6e7604ec6f61c2fee0d97a8d8b3d057d
 4 TGGGGAATATTGGACAATGGGCGCAAGCCTGATCCAGCCATGCCGCGTGAGTGATGAAGGCCCTAGGGTT
 5 >e7fe410af2ac77a0456f787c6e0a4251
 6 TCGGGAATTTTGGGCAATGGGCGAAAGCCTGACCCAGCAACGCCGCGTGAAGGATGAAGCTTTTCGGAGT
 7 >01a70c9e7120d2e57d489deb1f05789b
 8 TCGGGAATCTTGCGCAATGGGCGAAAGCCTGACGCAGCAACACCGTGTGAGCGACGAAGGCCTTCGGGTC
 9 >0c457766cb8f9280f31e57ac199585d7
10 TGGGGAATATTGGACAATGGGCGCAAGCCTGATGCAGCGACGCCGCGTGAGGGATGACGGCCTTCGGGTT
11 >d50f31dd1440ad9557ca1f01fdb95354
12 TCGGGAATTTTGGGCAATGGGCGAAAGCCTGACCCAGCAACGCCGCGTGAAGGATGAAGCTTTTCGGAGT
13 >0381730cf884cc76ae77a744193c207c
14 TCGGGAATTTTGGGCAATGGGCGAAAGCCTGACCCAGCAACGCCGCGTGAAGGATGAAATCCCTCGGGAT
15 >3d7e80d08b8acfd6a604545496e29636
16 CCAGGAATCTTGGGCAATGGGCGCAAGCCTGACCCAGCAACACCGTGTGGGCGATGAAGGCCTTCGGGTC
```

图 5-4　dna-sequences. fasta 文件

两行代表一个 ASV 的信息，第一行以"＞"开头，附加序列名称（标识）或其他注释信息，单个序列的标识必须唯一。第二行是序列本身，也可分多行。FASTA 是最常见的生物序列存储格式，可用于存储核酸序列与氨基酸等，扩展名有 fa、fasta、fna 等。

feature-table. biom 文件是一个二进制编码的 BIOM 文件（用纯文本查看器不容易查看），在 Linux 系统下使用以下命令预览。

（1）使用 cd 命令进入数据所在文件夹。

（2）查看部分数据：biom head-i feature-table. biom，命令和部分数据情况见图 5-5。第一列（♯OTU ID）包含上面的 FASTA 文件中的 ASV ID。该表的第一列需要匹配 FASTA 文件中的 ID。附加列表示不同的样本，计数表示每个样本中的读取次数。重要的是，输入的表应包含读取计数，而不是相对丰度。

```
(picrust2) qiime2@qiime2:~/share$ cd PICRUSt2/
(picrust2) qiime2@qiime2:~/share/PICRUSt2$ ls
dna-sequences.fasta  feature-table.biom
(picrust2) qiime2@qiime2:~/share/PICRUSt2$ biom head -i feature-table.biom
# Constructed from biom file
#OTU ID sample1 sample2 sample3 sample4 sample5
69c6670eac407712dff9e575ed6b95d4      78.0      90.0      317.0     407.0     304.0
6e7604ec6f61c2fee0d97a8d8b3d057d      238.0     35.0      78.0      81.0      148.0
e7fe410af2ac77a0456f787c6e0a4251      43.0      103.0     75.0      249.0     143.0
01a70c9e7120d2e57d489deb1f05789b      195.0     220.0     205.0     180.0     54.0
0c457766cb8f9280f31e57ac199585d7      116.0     171.0     285.0     133.0     43.0
```

图 5-5　feature-table. biom 文件内容

（3）统计更多信息：biom summarize-table-i feature-table. biom，图 5-6 展示了序列的总体情况和每个序列的详细信息。

```
(picrust2) qiime2@qiime2:~/share/PICRUSt2$ biom summarize-table -i feature-table.biom
Num samples: 9
Num observations: 5058
Total count: 192134
Table density (fraction of non-zero values): 0.170

Counts/sample summary:
 Min: 17375.000
 Max: 28800.000
 Median: 19821.000
 Mean: 21348.222
 Std. dev.: 3573.268
 Sample Metadata Categories: None provided
 Observation Metadata Categories: None provided

Counts/sample detail:
sample5: 17375.000
sample7: 18085.000
sample6: 18666.000
sample1: 18783.000
sample2: 19821.000
sample8: 22305.000
sample3: 23808.000
sample4: 24491.000
sample9: 28800.000
```

图 5-6　查看 biom 表更多信息

5.1.2.1　建树（place_seqs. py）

PICRUSt2 对 HMMER 进行了封装，将代表性 ASV 序列与 16S 参考序列进行比对，然后运行 EPA-ng 和 GAPPA，将获取的代表序列（即 OTU/ASV）放入参考树，输出每个 ASV 最可能的位置的 newick 格式树文件，用于后续的隐藏状态预测。该参考树包含微生物基因组数据库中的 20000 个 16S rDNA 序列。

time place_seqs.py-s dna-sequences.fasta-o placed_seqs.tre-p 10-t sepp --intermediate intermediate/place_seqs(示例流程中采用第一种方法)

time place_seqs.py-s dna-sequences.fasta-o placed_seqs.tre-p 10--intermediate intermediate/place_seqs(当安装 PICRUSt2 时建树 sepp 报错则选用此方法,内存消耗较大)

📑 参数解读

① --min_align 0.8：隐藏参数，低于相似度的序列会被移除。

② -s FASTA：输入序列（非对齐 ASV 的 FASTA）。

③ -o Path：输出文件。

④ --ref_dir DIRECTORY：参考序列目录，若采用示例安装，系统默认（/home/qiime2/picrust2-2.5.0/picrust2/default_files/prokaryotic/pro_ref）；若采用 bioconda 方式安装，系统默认（～/miniconda2/envs/picrust2/lib/python3.6/site-packages/picrust2/default_files/prokaryotic/pro_ref），也可以自定义引用文件。

⑤ -t epa ng/sepp：将序列插入参考树工具。"epa ng"或"sepp"二选一输入（默认 epa ng）；如果没有足够的内存（RAM）来运行此命令，指定使用 sepp。

⑥ -p INT：线程数。

⑦ --intermediate：中间文件位置，未指定文件位置将不保留这些文件。

⑧ --chunk_size：epa-ng 每批读长数量（默认值 5000）。

⑨ --verbose：输出计算过程，用于故障排除。

🔄 运行界面

```
(picrust2) qiime2@qiime2:~/share/PICRUSt2$ time place_seqs.py -s dna-sequences.fasta -o placed_seq
s.tre -p 10 -t sepp --intermediate intermediate/place_seqs

real    9m19.927s
user    67m11.874s
sys     1m10.204s
```

♯生成 placed_seqs.tre 和 intermediate

5.1.2.2　拷贝数、功能预测（hsp.py）

PICRUSt2 封装了 castor R 包以运行隐藏状态预测（hsp）来预测基因家族丰度。脚本 hsp.py 根据特征树值未知的输入树中的提示执行隐藏状态预测（hidden-state prediction），预测 16S 的拷贝数、基因组的酶学委员会 E.C. 编号和 KO 编号。通常，给定一棵树和一组已知的性状值，该脚本用于预测每个 ASV 在预测基因组中存在的基因家族的拷贝数，输出特征预测表，包括 marker_predicted_and_nsti.tsv.gz、EC_predicted.tsv.gz 和 KO_predicted.tsv.gz，这些文件进行了 gzip

压缩以节省空间，可以使用 zless-S 来查看文件。

（1）16S 的拷贝数和 NSTI 值。hsp. py 脚本可以预测每个 ASV 缺失的基因组，即预测每个 ASV 的基因家族与 16S rDNA 序列的拷贝数，还可以输出每个 ASV（由-n 选项指定）的最近排序的分类索引（NSTI）值，该值对应于树中放置的 ASV 到最近的参考 16S 序列的分支长度。

♯预测 16S rDNA 序列的拷贝数。

输入代码：time hsp. py-i 16S-t placed _ seqs. tre-o marker _ nsti _ predicted. tsv. gz-p 6-n

输出文件：marker_nsti_predicted. tsv. gz

参数解读

① -t PATH：指定刚生成的树文件；

② -o PATH：输出文件；

③ -m METHOD：要使用的隐藏状态预测方法，必须是最大简约性（mp）、经验概率（emp_prob）、子树平均（subtree_average）、系统发育独立对比（pic）或平方变化简约（scp）其中之一，默认为经验概率；

④ -i TRAIT _ OPTION：指定预测类别，包括 16S、COG、EC、KO、PAFM、TIGRFAM、PHENO 等；

⑤ -n：计算最近排序分类索引值（nearest-sequenced taxon index，NSTI），识别与所有参考序列相距很远的研究序列；

⑥ -p PROCESSES 线程数（默认 1）。

查看输出文件 zless -S marker_nsti_predicted. tsv. gz（图 5-7），第一列是 ASV 的名称，第二列是每个 ASV 的预计 16S 丰度数，最后一列是每个 ASV 的 NSTI 值。任何 NSTI 值高于 2 的研究序列通常是噪声，来自于未鉴定的门（uncharacterized phyla）或非目标序列。因此查看 ASV 的 NSTI 值的分布对于确定群落的整体特征以及是否存在异常值可能很有用，为下一步确定数据集的最佳 cut-off 提供帮助。

```
sequence                          16S_rRNA_Count  metadata_NSTI
0009f3da437d8147c83516ff2bc6d109        1           0.361759
0010473810d89780c6882ee563561b52        1           0.066846
00397e11defdf417d3042d1cbf1bdc33        1           0.375839
003cfb8027c5bd836e53b65ba1314c2a        1           0.023589
00757c00f2fb71c14d13bebf53986515        1           0.215383
```

图 5-7 marker_nsti_predicted. tsv. gz 文件

（2）基因组的 E. C. 编号。E. C. 编号是酶学委员会（Enzyme Commission）根据每种酶所催化的化学反应类型制作的一套编号分类法。这套分类法也为各种酶给予一个建议的名称，也称为酶学委员会命名法。

#预测 E. C. 编号，输出压缩文件 EC_predicted. tsv. gz。

输入代码：time hsp. py-i EC-t placed_seqs. tre-o EC_predicted. tsv. gz-p 6

查看输出结果 zless-S EC_predicted. tsv. gz，图 5-8 预测了每个 ASV 的所有酶分类（EC）号的预测拷贝数。由于未指定-n 选项，因此每个 ASV 的 NSTI 值不在此表中。EC 号是根据其催化的化学反应定义的一种基因家族，例如，EC：1. 1. 1. 1 对应于醇脱氢酶。根据 EC 丰度可以推断 MetaCyc 途径丰度。

```
sequence        EC:1.1.1.1      EC:1.1.1.10     EC:1.1.1.100    EC:1.1.1.101    EC:1.1.1.102    EC:1.1.1.103    EC:1.1.1.105
0009f3da437d8147c83516ff2bc6d109    1   0   4   0   0   0   0   0   0   0   0
0010473810d89780c6882ee563561b52    4   0   7   0   0   1   0   0   0   0   0
00397e11defdf417d3042d1cbf1bdc33    1   0   2   0   0   0   0   0   0   0   0
003cfb8027c5bd836e53b65ba1314c2a    3   0   10  0   0   0   0   0   0   0   0
00757c00f2fb71c14d13bebf53986515    1   0   2   0   0   0   0   0   0   0   0
0079d0bcd80df1d0698c23183efc9ac3    1   0   3   0   0   0   0   0   0   0   0
00817529662cf197cb19f70e37569e07    1   0   3   0   0   0   0   0   0   0   0
0086479d84f10b2c54592bd8435c0756    1   0   3   0   0   0   0   0   0   0   0
00c214f8e0c76f4220c1ae6e06ddeb8b    1   0   4   0   0   0   0   0   0   0   0
00c44e03f13d42cf4e311ccda8cecf83    1   0   3   0   0   0   0   0   0   0   0
00e379ab2a6abd80d39a1e94c69ed77c    1   0   4   0   0   0   0   0   0   0   0
00e92cd725e7891fe68693fce365c8ea    2   0   2   0   0   0   0   0   0   0   0
00eb72fd2d45e3dbcd5bd256bab84131    6   0   9   0   0   0   0   0   0   0   0
00ee1905a2c2b550031b1a1430301704    2   0   2   0   0   0   0   0   0   0   0
00ee26550e27b3a2d9887678ed53536f    1   0   4   0   0   0   0   0   0   0   0
01071dc1001055e627c37734995ba40d    1   0   2   0   0   0   0   0   0   0   0
015058f2b1c9b9ddba88ad66dc6fb253    1   0   4   0   0   0   0   0   0   0   0
01520085040e0df84f0ef9a3cbe72377    0   0   4   0   0   0   0   0   0   0   0
0180aa4c61d7bca9bcb9e0aa3b7e3f0c    1   0   4   0   0   0   0   0   0   0   0
0186de45a62c00e9d0df75c757b60202    1   0   3   0   0   0   0   0   0   0   0
018efcbe8b518f8a290181367cfc7c4e    2   0   8   0   0   0   0   0   0   0   0
019f53499298435990376O3cb258e229    3   0   5   0   0   0   0   0   0   0   0
01a70c9e7120d2e57d489deb1f05789b    1   0   2   0   0   0   0   0   0   0   0
01a73dd3b1f73c2e86d0a1b240f3ccff    1   0   3   0   0   0   0   0   0   0   0
01af7ea473273549b5af935c0129f35a    9   0   10  0   0   0   0   0   0   0   0
01b7d6cf693bdee32fb95307a37c1c7d    1   0   4   0   0   0   0   0   0   0   0
01c28e6f17ee728cfd8fc88a61053f2c    3   0   8   0   0   0   0   0   0   0   0
01c5e0332e3fd5efd5d6c7a2812624eb    1   0   3   0   0   0   0   0   0   0   0
01c619386a6ff6341d33dfc422bedbeb    1   0   3   0   0   0   0   0   0   0   0
EC_predicted.tsv.gz
```

图 5-8　输出结果 zless-S EC_predicted. tsv. gz 文件内容

（3）预测 16S 的基因同源簇 KO 编号（时间较长）。

#预测 KO 编号，KO 编号不区分物种，相当于所有物种这一通路的并集；输出压缩文件 KO_predicted. tsv. gz，包含基因组的 KO 编号。

输入代码：time hsp. py-i KO-t placed_seqs. tre-o KO_predicted. tsv. gz-p6

换行使用 zless-S KO_predicted. tsv. gz 查看输出文件。

5.1.2.3　宏基因组表计算

metagenome_pipeline. py 脚本根据 ASV 丰度表、标记基因丰度和基因家族丰度的预测数据，对每个 ASV 序列进行功能预测，分样本生成宏基因组功能组成文件。序列丰度为 reads 计数，即每个序列的重复次数，而不是相对丰度。脚本根据预测的标记基因数量对输入序列丰度表进行标准化，然后确定每个样本的预测功能配置文件。如果使用--strat_out 选项，将产生按序列 ID 分层的输出，即分类贡献者。此外，也可以根据--min_reads 和--min_samples 选项将数目少的 ASV 归到 collapsed 分层输出表中的同一类别中。需要注意的是，即使输入文件是 BIOM 格式，输出文件也是以制表符分隔的。标准化序列丰度表和每个样本的加权 NSTI 值也将作为单独文件输出到工作目录。

（1）预测 E.C. 丰度。

 运行命令

```
time metagenome_pipeline.py-i feature-table.biom-m marker_nsti_predicted.tsv.gz-f EC_predicted.tsv.gz-o EC_metagenome_out--strat_out
```

📊 参数解读

① -i PATH：输入特征表，BIOM 或 txt 文本；

② -f PATH：KO/EC 功能注释表；

③ -m PATH：拷贝数文件；

④ --max_nsti FLOAT：准确性过滤阈值（默认 2）；

⑤ --min_reads INT：丰度过滤（默认 1）；

⑥ --min_samples INT：频率过滤（默认 1）；

⑦ --strat_out：该选项指示应该生成分层文件。

在 EC_metagenome_out 目录中创建了 4 个输出文件（图 5-9）。

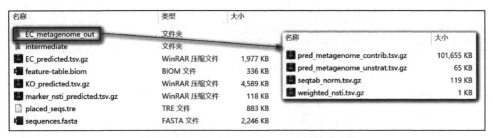

图 5-9　EC_metagenome_out 中的输出文件

🔄 输出文件

① pred_metagenome_unstrat.tsv.gz：每个样本的总 EC 数量丰度；

② pred_metagenome_contrib.tsv.gz：分层格式的"贡献"表，列出每个样本中 ASV 对基因家族丰度的贡献；

③ seqtab_norm.tsv.gz：通过预测的 16S 拷贝数标准化的 ASV 丰度表；

④ weighted_nsti.tsv.gz：每个样本的平均 NSTI 值（考虑 ASV 的相对丰度时）。该文件对于识别数据集中的异常样本很有用。

查看 EC 预测表：zless-S EC_metagenome_out/pred_metagenome_unstrat.tsv.gz。EC 预测表与 ASV 丰度表相似，不同之处在于，这些行是基因家族

而不是 ASV。

查看分层输出：zless-S EC ＿ metagenome ＿ out/pred ＿ metagenome ＿ contrib. tsv. gz。该文件的列信息（图 5-10）依次为样本 ID、功能 ID、分类单元 ID、每个样本的分类单元丰度、分类单元在样本中的相对丰度、基因家族（功能通路）计数和与前面几列相关的三列信息，具体为 taxon_function_abun 等于"taxon_abun"列乘以"genome_function_count"列；taxon_rel_function_abun 等于"taxon_rel_abun"列乘以"genome_function_count"列；norm_taxon_function_contrib 是每个功能和样本的 taxon_function_abun 列的相对丰度，即样本中的特定分类单元对指定功能的贡献比例。

```
sample  function      taxon                             taxon_abun  taxon_rel_abun        genome_function_count  taxon_functi
sample1 EC:1.1.1.1    00397e11defdf417d3042d1cbf1bdc33  198.0       1.1986292040557254    1
sample1 EC:1.1.1.1    003cfb8027c5bd836e53b65ba1314c2a  41.0        0.2482009967994179    3
sample1 EC:1.1.1.1    00817529662cf197cb19f70e37569e07  14.0        0.08475155988272806   1
sample1 EC:1.1.1.1    00c214f8e0c76f4220c1ae6e06ddeb8b  6.0         0.03632209709259774   1
sample1 EC:1.1.1.1    00c44e03f13d42cf4e311ccda8cecf83  4.0         0.02421473139506516   1
sample1 EC:1.1.1.1    00eb72fd2d45e3dbcd5bd256bab84131  34.0        0.20582521685805383   6
sample1 EC:1.1.1.1    01a70c9e7120d2e57d489deb1f05789b  97.5        0.5902340777547133    1
sample1 EC:1.1.1.1    01b7d6cf693bdee32fb95307a37c1c7d  14.0        0.08475155988272806   1
sample1 EC:1.1.1.1    01c619386a6ff6341d33dfc422bedbeb  6.0         0.03632209709259774   1
sample1 EC:1.1.1.1    0201146bcdd0d57f4aac264a576bff8c  28.0        0.16950311976545612   4
sample1 EC:1.1.1.1    02461dc81ae0795f6bce63f8615b9d09  32.0        0.1937178511605213    1
sample1 EC:1.1.1.1    02f1d811dd503011fbeb47fca3f899e6  44.0        0.2663620453457167    1
sample1 EC:1.1.1.1    02f49cfb02ba598842c227aba07e44ac  16.0        0.09685892558026064   1
sample1 EC:1.1.1.1    034fc72c944a69d02b4eed672e315668  13.0        0.07869787703396178   1
sample1 EC:1.1.1.1    0381730cf884cc76ae77a744193c207c  22.0        0.13318102267285836   1
sample1 EC:1.1.1.1    038566608cdf4203d5e183b73549cd2e  50.0        0.3026841424383145    1
sample1 EC:1.1.1.1    041582f785ffe39d75c4d9f08f4d171c  60.0        0.36322097092597744   3
sample1 EC:1.1.1.1    0446bbc963d29119783602f29e0ef99f  24.0        0.14528838837039096   1
sample1 EC:1.1.1.1    0474d9eedaf4a1085b33b37cfb5499d4  9.0         0.05448314563889606   3
sample1 EC:1.1.1.1    04d950a3785e1bf2991fdc5fb49f31a9  4.0         0.02421473139506516   1
sample1 EC:1.1.1.1    0568165f2051f165e4829ef23027a682  6.67        0.04037806460127156   1
sample1 EC:1.1.1.1    0594393402f517da81ddc2fba0a20b1a  9.0         0.05448314563889606   3
```

图 5-10 分层输出

（2）预测 KO 丰度。

输入代码：time metagenome ＿ pipeline. py -i feature-table. biom -m marker_nsti ＿ predicted. tsv. gz -f KO_predicted. tsv. gz -o KO_metagenome_out --strat_out
输出 pred_metagenome_unstrat. tsv. gz 等文件。

查看 EC 预测表：zless -S KO_metagenome_out/pred_metagenome_unstrat. tsv. gz
查看分层输出：zless -S KO_metagenome_out/pred_metagenome_contrib. tsv. gz

5.1.2.4　通路计算

运行 pathway_pipeline. py 脚本，通过比对 ASV 序列与 deault_files 文件夹下的 pathway_mapfiles 文件实现通路计算，在 picrust2-2.5.0/picrust2/default_files 文件夹下有原核、真菌和两个其他类型的数据库（图 5-11）。原核 16S rDNA 参考序列共 20000 条；真菌包括 ITS 参考序列 190 条，18S 参考序列 216 条。ITS 目录包含参考序列文件（fungi_ITS. fna. gz）、newick 格式的树（. tre）、多重序列比对的隐马尔可夫模型（. hmm）、RaXmL 模型（. model）。

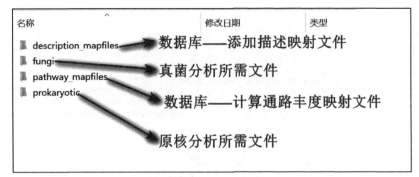

图 5-11　文件说明

（1）MetaCyc 通路丰度，基于 EC 结果汇总。PICRUSt2 分析流程的最后一个主要步骤是使用 pathway_pipeline.py 脚本默认根据 EC 数量丰度推断 MetaCyc 通路的丰度，也可以指定不同的基因家族和通路。执行的步骤包括将 EC 号重组为 MetaCyc 反应、基于 MinPath 等反应推断 MetaCyc 通路丰度和计算存在通路的数量（示例流程基于方法二）。

① 推断 MetaCyc 途径的丰度，耗时短，内存占用少（方法一）。

```
time pathway_pipeline.py -i EC_metagenome_out/pred_metagenome_contrib.tsv.gz -o pathways_out -p 6
```

② 推断 MetaCyc（方法二）。

```
time pathway_pipeline.py -i EC_metagenome_out/pred_metagenome_unstrat.tsv.gz -o MetaCyc_pathways_out -m ~/picrust2-2.5.0/picrust2/default_files/pathway_mapfiles/metacyc_path2rxn_struc_filt_pro.txt --intermediate MetaCyc_pathways_out/minpath_working -p 6
```

♯ 通路计算。

```
time pathway_pipeline.py -i EC_metagenome_out/pred_metagenome_unstrat.tsv.gz -o MetaCyc_pathways_out_per_seq --per_sequence_contrib --per_sequence_abun EC_metagenome_out/seqtab_norm.tsv.gz --per_sequence_function EC_predicted.tsv.gz -p 6
```

MetaCyc 通路输出结果见图 5-12。

（2）KEGG 通路丰度，基于 KO 结果汇总。

文件默认路径 default_files/pathway_mapfiles/KEGG_pathways_to_KO.tsv。

输入代码：`time pathway_pipeline.py -i KO_metagenome_out/pred_metagenome_unstrat.tsv.gz -o KEGG_pathways_out --no_regroup -m ~/picrust2-2.5.0/picrust2/default_files/pathway_mapfiles/KEGG_pathways_to_KO.tsv -p 6`

输入代码：`time pathway_pipeline.py -i KO_metagenome_out/pred_metagenome_contrib.tsv.gz -o KEGG_pathways_out --no_regroup -m ~/picrust2-2.5.0/picrust2/default_files/pathway_mapfiles/KEGG_pathways_to_KO.tsv -p 6`

输出文件存放于 KEGG_pathways_out，包括 path_abun_unstrat.tsv.gz 和

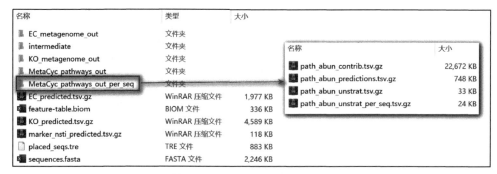

图 5-12　MetaCyc 通路输出结果

path_abun_contrib. tsv. gz 两个压缩文件（图 5-13）。

图 5-13　KEGG 通路输出结果

参数解读

① --coverage：计算覆盖度。

② -m minpath_mapfile：基因家族的通路映射文件路径，默认 default_files/pathway_mapfiles/metacyc_path2rxn_struc_filt_pro. txt。

③ --per_sequence_contrib：计算每个序列的贡献度，需要--per_sequence_abun 和--per_sequence_function 指定特征表和具体序列的功能。

④ --wide_table：设置--strat_out 时会输出宏基因组预测的宽格式分层表，分层输出文件名为 pred_metagenome_strat. tsv. gz，占用内存大，不推荐使用。

⑤ --skip_norm：通过预测标记基因拷贝数（通常为 16S rRNA 基因）跳过序列丰度的标准化。除非指定此选项（在 v2.2.0-b 中添加），否则将自动执行此步骤。

⑥ --regroup_map Mapfile：用于将输入基因家族丰度重新组合到反应中（默

认：default_files/pathway_mapfiles/ec_level4_to_metacyc_rxn. tsv）。

⑦ --no_regroup：关闭对反应的重新分组。如果输入的基因家族可以与途径直接相关，这是必要的一步。

输出结果中的分层 MetaCyc 通路丰度类似于 EC 编号表，默认的分层通路丰度表能够表示每个 ASV 对整个群落通路丰度的贡献大小，需要使用--per_sequence_contrib 选项指示为每个单独的 ASV 推断出通路，计算量需求大。

从 v2.2.0-b 开始，为了替代分层表 path_abun_unstrat_per_seq. tsv. gz 中所有贡献序列的总和，使用--per_sequence_contrib 时还将输出另一个非分层路径丰度表，基于此，可以进一步讨论分层通路之间的差异。

查看通路结果 zless -S KEGG_pathways_out/path_abun_unstrat. tsv. gz。通路的结果 KEGG_pathways_out/path_abun_unstrat. tsv. gz 中缺少注释，add_descriptions. py 中 KO 查不到通路的注释。

5.1.2.5　添加注释（add_descriptions. py）

使用 add_descriptions. py 脚本比对 ASV 序列与 description_mapfiles 文件，将描述列添加到功能丰度表并输出一个新文件，方便在 STAMP 中进行差异比较。用户需要指定输入文件以及输入表中的功能类型。function 表出现重复 id 将报错，mapfile 中不存在的 id 描述为 "not_found"。描述信息映射文件都在 picrust2/default_files/description_mapfiles 中，也可以自定义映射文件。

（1）添加 EC、KO、MetaCyc_pathways 注释。

add_descriptions. py -i EC_metagenome_out/pred_metagenome_unstrat. tsv. gz -m EC -o EC_metagenome_out/pred_metagenome_unstrat_descrip. tsv. gz

add_descriptions. py -i KO_metagenome_out/pred_metagenome_unstrat. tsv. gz -m KO -o KO_metagenome_out/pred_metagenome_unstrat_descrip. tsv. gz

add_descriptions. py -i MetaCyc_pathways_out/path_abun_unstrat. tsv. gz -m METACYC -o MetaCyc_pathways_out/path_abun_unstrat_descrip. tsv. gz

参数解读

① -i：输入功能丰度表。

② -o：输出添加了描述列的丰度表。

③ -m：要使用的映射表（使用其中一个默认表）。

输出文件保存于 EC_metagenome_out、KO_metagenome_out 和 MetaCyc_pathways_out 三个文件夹（图 5-14）。

（2）添加 KEGG_pathway 注释，自定义映射文件，文件输出结果如图 5-15 所示。

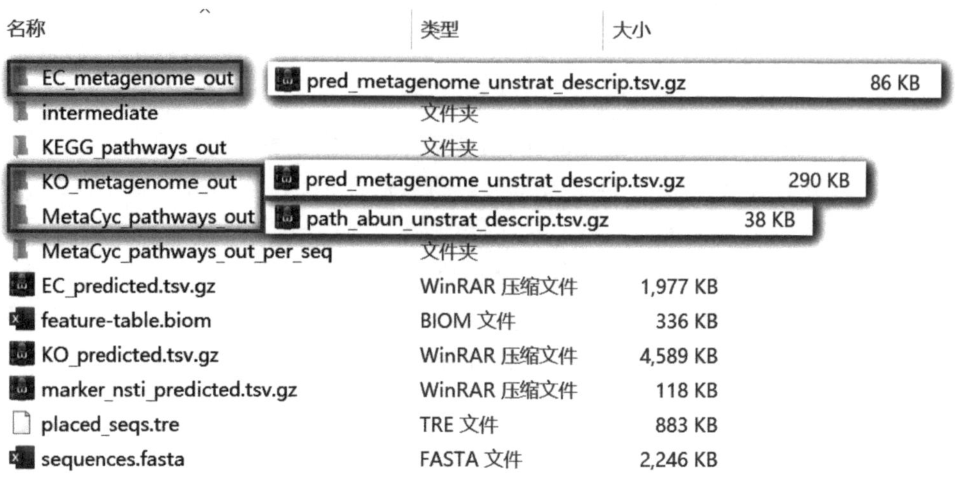

图 5-14　输出文件

add_descriptions. py -i KEGG_pathways_out/path_abun_unstrat. tsv. gz --custom _ map _ table ～/picrust2-2. 5. 0/picrust2/default _ files/description _ mapfiles/ KEGG_ pathways _ info. tsv. gz -o KEGG _ pathways _ out/path _ abun _ unstrat _ descrip. tsv. gz

图 5-15　输出文件

🗄 参数解读

--custom _ map_table PATH：手动指定注释列表，使用非默认功能数据库时要使用的自定义映射文件。

KEGG pathway 功能分析：PICRUSt2 使用比较旧的 KEGG 库，推荐使用开源的 MetaCyc 路径。

（3）查看 EC 注释结果。

① EC 注释结果：zless -S EC_metagenome_out/pred_metagenome_unstrat_descrip. tsv. gz

② KO 注释结果：zless -S KO_metagenome_out/pred_metagenome_unstrat_descrip. tsv. gz

③ KEGG pathway 注释结果：zless -S KEGG_pathways_out/path_abun_unstrat_descrip. tsv. gz

④ MetaCyc pathway 注释结果：zless -S MetaCyc_pathways_out/path_abun_unstrat_descrip. tsv. gz

5. 1. 2. 6　输出文件

整个 PICRUSt2 流程一共输出 12 个文件（图 5-16），核对运行步骤是否完整。

名称	类型	大小
EC_metagenome_out	文件夹	
intermediate	文件夹	
KEGG_pathways_out	文件夹	
KO_metagenome_out	文件夹	
MetaCyc_pathways_out	文件夹	
MetaCyc_pathways_out_per_seq	文件夹	
EC_predicted.tsv.gz	WinRAR 压缩文件	1,977 KB
feature-table.biom	BIOM 文件	336 KB
KO_predicted.tsv.gz	WinRAR 压缩文件	4,589 KB
marker_nsti_predicted.tsv.gz	WinRAR 压缩文件	118 KB
placed_seqs.tre	TRE 文件	883 KB
sequences.fasta	FASTA 文件	2,246 KB

图 5-16　PICRUSt2 分析输出文件汇总

5. 1. 3　KEGG 通路层级汇总

文件 path_abun_unstrat_descrip. tsv 位于如图 5-17 所示的文件中，内容一共有 176 行。第一列为 KO 编号，第二列为相关描述，后面为每个样本中不同通路的丰度。

KO 功能层级多达 8000 条目，进入 KEGG 通路查询网站，在网页 Databases> Pathway 找到通路板块，根据编号归类，最终整理出结果 pathway-3. xls（图 5-18）。A 列是 KO 编号，B、C 两列是不同层级下的功能通路名称，level 1 一级代谢通路共分为 7 大类，D 列为通路描述信息，剩余各列表示样本在不同通路下

> E (E:) › qiimeshare › picrust2 › KEGG_pathways_out

名称		大小
path_abun_unstrat_descrip.tsv		
path_abun_contrib.tsv.gz		30,210 KB
path_abun_unstrat.tsv.gz		11 KB
path_abun_unstrat_descrip.tsv.gz		13 KB

解压缩 path_abun_unstrat_descrip.tsv

图 5-17 path_abun_unstrat_descrip. tsv 文件

的丰度。后续分析基于此文件。

	A	B	C	D	E	F	G	H
1	pathway	level1	level2	descriptio	sample1	sample2	sample3	sample4
2	ko00010	Metabolism	Carbohydrate metabolism	Glycolysis	10624.68	10553.72	13205.22	13130.31
3	ko00020	Metabolism	Carbohydrate metabolism	Citrate cyc	14099.28	14246.97	17585.69	17928.06
4	ko00030	Metabolism	Carbohydrate metabolism	Pentose p	12280.09	13030.12	16422.35	17018.99
5	ko00040	Metabolism	Carbohydrate metabolism	Pentose a	5540.446	5357.078	7126.829	6697.557
6	ko00051	Metabolism	Carbohydrate metabolism	Fructose a	5503.077	5631.56	7497.624	7717.354
7	ko00052	Metabolism	Carbohydrate metabolism	Galactose	5869.336	6137.156	7654.208	7991.388
8	ko00053	Metabolism	Carbohydrate metabolism	Ascorbate	3666.118	3286.216	4171.884	3797.686
9	ko00061	Metabolism	Lipid metabolism	Fatty acid	19856.79	19242.28	24873.17	25643.94
10	ko00071	Metabolism	Lipid metabolism	Fatty acid	12213.7	11372.67	13518.45	13782.8
11	ko00072	Metabolism	Carbohydrate metabolism	Synthesis	19627.43	17787.18	20930.36	19976.6
12	ko00100	Metabolism	Lipid metabolism	Steroid bi	392.33	303.0825	283.8231	368.6925
13	ko00120	Metabolism	Lipid metabolism	Primary bi	573.4544	452.8133	392.4344	396.4711
14	ko00121	Metabolism	Lipid metabolism	Secondary	1002	292	325.5	518.5
15	ko00130	Metabolism	Metabolism of cofactors and vitamins	Ubiquinor	6017.026	6168.981	7844.811	8369.058
16	ko00140	Metabolism	Lipid metabolism	Steroid ho	538.6167	387.5833	476.9411	473.4833
17	ko00190	Metabolism	Energy metabolism	Oxidative	6477.645	6602.511	8006.83	8199.793
18	ko00195	Metabolism	Energy metabolism	Photosynt	4586.135	4922.711	5917.917	6222.026
19	ko00196	Metabolism	Energy metabolism	Photosynt	0	0	3.428571	0.666667
20	ko00230	Metabolism	Nucleotide metabolism	Purine me	7447.121	7596.709	9278.951	9471.417
21	ko00240	Metabolism	Nucleotide metabolism	Pyrimidine	8692.308	9066.373	11133.83	11509.25
22	ko00250	Metabolism	Amino acid metabolism	Alanine, a	13546.35	14050.37	17284.32	18207.81

图 5-18 pathway-3. xls 文件

5. 2 Tax4Fun2

Tax4Fun 是 Aβhauer 等 2015 年开发的通过 16S 高通量测序数据预测微生物群落功能的方法，文章发表在 Bioinformatics 上，设计思路与 PICRUSt 类似。Tax4Fun2 是一个 R 程序包，是 Tax4Fun 的升级版本，其基于 16S rDNA 序列快速预测原核生物的功能谱和功能冗余。相比于 Tax4Fun，Tax4Fun2 不再限制特定版本 SILVA 数据库注释的 OTU 表，允许直接以 OTU 代表序列作为输入，通过与指定参考数据库的比对实现物种注释。除了可以提供已构建好的参考集，也允许使用自定义数据集，灵活方便，特异性强。参考数据集侧重于原核数据，也兼容真核数据，精度和稳定性显著提升。还提供了计算特定功能冗余的方法，对于预测特定功能在环境扰动期间丢失的可能性至关重要。

5.2.1 配置环境

R 是一种用于数据统计计算和图形化的语言和环境，并且具有很高的可扩展性。R 是一个 GNU 项目，它类似于贝尔实验室开发的 S 语言和环境。作为自由软件，同意通用公共许可协议 GNU，开放源代码。可以在各类 UNIX 系统、Windows 和 MacOS 上编译和运行。在 R 的官方网站中下载适用于 Windows 系统的安装包，安装过程保持默认选项即可。

RStudio 是编辑、运行 R 的最为理想的工具之一，支持纯 R 脚本、Rmark-down（脚本文档混排）、Bookdown（脚本文档混排成书）、Shiny（交互式网络应用）等。RStudio 是 R 的集成开发环境（IDE），包括一个控制台、支持直接代码执行的语法突出编辑器以及用于绘图、历史记录、调试和工作区管理的工具。RStudio 有开源和商业版本，使用桌面版（Windows/Mac/Linux）或连接到 RStudioServer 或 RStudioWorkbench 的网页浏览器上运行（Debian/Ubuntu/RedHat/CentOS）。在 RStudio 官网中下载相应版本的安装包，安装过程保持默认选项即可。

Rtools 为 R 语言的一个工具包，需要的可以自行下载使用，安装简易。Rtools 提供了一个适用于 R 的 Windows 平台工具链，主要包括 GNU make、GNU gcc 和 UNIX-ish 平台上常用的其他实用程序。根据自己使用的 R 版本进行下载。进入 Rtools 官网下载 Rtools 安装包，安装过程保持默认选项即可。

5.2.2 运行分析

输入文件同 PICRUSt2，来自 dada2-table-paired. qza 特征表导出的 exported-feature-table 文件夹和 dada2-repset-seqs-paired. qza 中的代表序列文件。

（1）将两个文件 dna-sequences. fasta 和 feature-table. txt，放到文件夹 Tax4fun2 下，使用 Excel 打开文件并删除 feature-table. txt 第一行和 OTU ID 前面的♯。

（2）下载最新软件包放到 Tax4fun2 文件夹。

（3）打开 RStudio，选择 File＞New File＞R Script，新建手稿 bac. R，将 bac. R 保存在文件夹 Tax4fun2 下，关闭 RStudio。

（4）双击打开文件 bac. R，可见 RStudio 的工作路径已经变成 E：/qiime-share/Tax4fun2/。

5. 2. 2. 1　安装 Tax4Fun2

（1）安装 Tax4Fun2 包。

install. packages（pkgs='Tax4Fun2_1. 1. 5. tar. gz'，repos=NULL，source=TRUE）

（2）加载包。

library（Tax4Fun2）

（3）下载并构建默认的 Tax4Fun2 参考数据库（图 5-19）。默认数据库的生成：开发者从 NCBI RefSeq（2018 年 8 月 18 日）下载了所有完整基因组和所有状态为"染色体"的基因组，得到 275 个古细菌基因组和 12102 个细菌基因组。然后将所有 rRNA 基因序列连接成一个文件，按长度递减排序，用 USEARCH（版本 10. 240）实现的 UCLUST 算法分别以 99％和 100％的序列相似性进行聚类，每个聚类的最长序列作为 16S rRNA 参考序列。

buildReferenceData(path_to_working_directory = '.', use_force = FALSE, install_suggested_packages = TRUE)

参数解读

① path_to_working_directory='.'：Tax4Fun2 默认在当前工作路径中构建库，如有需要，通过该参数指定位置。

② use_force=FALSE：是否覆盖已有的文件夹，默认为 FALSE。

③ install _ suggested _ packages = TRUE：安 装 ape 和 seqinr 包，默 认 为 TRUE。

若由于网络原因无法成功下载，可以关注"环微分析"公众号，后台回复"Tax4Fun2"即可获取备份数据库，将下载文件解压到 Tax4Fun2 文件夹下（图 5-20）。

（4）安装依赖。

buildDependencies（path_to_reference_data='. /Tax4Fun2_ReferenceData_v2'，use_force=FALSE，install_suggested_packages=TRUE）

该函数将下载 blast 的当前最新版本，并将二进制程序放置在 Tax4Fun2 参考库路径中。另外，它还将测试 ape 和 seqinr 包是否可用。最终可以看到 Tax4Fun2 参考数据库路径"Tax4Fun2_ReferenceData_v2"中，新添加了 blast 程序。

5. 2. 2. 2　物种注释

进行 blast 比对，需要指定细菌 ASV 代表序列、Tax4Fun2 库的位置、参考数据库版本以及序列比对（blastn）的线程数等；参考数据库版本可选用 Ref99NR 或 Ref100NR，数值表示用 uclust 聚类的阈值 99％和 100％。

图 5-19 下载并构建默认的 Tax4Fun2 参考数据库

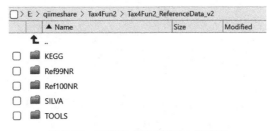

图 5-20 下载完成后文件夹中的内容

输入代码：runRefBlast(path_to_otus ='dna-sequences.fasta', path_to_reference_data ='./Tax4Fun2_ReferenceData_v2', path_to_temp_folder = 'bac_Ref99NR', database_mode = 'Ref99NR', use_force = TRUE, num_threads = 8)

参数解读

① use_force：表示是否覆盖；

② num_threads＝8：设置 diamond 运行的线程。

Tax4Fun2 默认调用 blastn 程序比对 ASV 丰度表提供的 16S rDNA 代表性序列和参考数据库中已知物种的 16S rDNA 序列，根据相似性获得物种注释。参考数据库 v2 包括 SILVA、NR 等库，示例使用了 Ref99NR。运行完成后，bac_

Ref99NR 文件夹下生成比对结果 ref_blast.txt（图 5-21），包括输入序列和库中目标序列的最佳匹配。

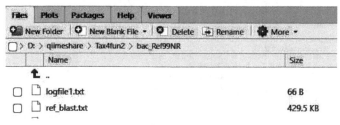

图 5-21　输出文件

5.2.2.3　功能预测

功能图谱的生成：使用 Prodigal 基于原核生物 KEGG Orthology（KO）数据库预测开放阅读框（open-reading-frames）。为了解释 rRNA 拷贝数的差异，通过在每个基因组中鉴定出的 16S rDNA 的数量来标准化功能谱（functional profiles）。

输入代码：makeFunctionalPrediction(path_to_otu_table='feature-table.txt', path_to_reference_data='./Tax4Fun2_ReferenceData_v2', path_to_temp_folder='bac_Ref99NR', database_mode='Ref99NR', normalize_by_copy_number=TRUE, min_identity_to_reference=0.97, normalize_pathways=FALSE)

参数解读

① normalize_pathways＝FALSE：将每个 KO 的相对丰度关联到它所属的每个 pathway。

② normalize_by_copy_number＝TRUE：对很多细菌而言，单个体可能包含多条 16S rDNA 序列。因此推荐基于 ASV 丰度表的所含 16S rRNA 拷贝数对物种丰度进行标准化校正，然后使用校正后的 ASV 丰度表进行功能丰度映射。

运行完成，获得两个结果文件：functional_prediction.txt 文件和 pathway_prediction.txt 文件。functional_prediction.txt 文件包含预测到的功能基因在各样本中的相对丰度，功能基因映射到 KO 功能上，即 KO 第 4 级分类单元。可在 KEGG 官网根据 KO ID 查询更多细节。"pathway_prediction.txt"文件包含功能基因丰度映射到其所属的 KEGG pathway 代谢途径的 KO 第 3 级分类单元，获得各样本中所有 pathway 的相对丰度信息。此文件提供了 pathway 的更高级 KO 分类单元，包含 3 个 level，有利于归类分析。

5.2.2.4　计算功能冗余指数 FRI

功能冗余是指生态系统中执行相似功能的物种的多样性，即群落中具有相似功能性状物种的饱和程度。de Bello 等提出的方法为量化功能冗余，并为研究功能多样性和功能冗余与群落稳定性间的关系奠定了基础，该方法是将 Simpson 物种多样性指数（SD）分为功能多样性（FD）和功能冗余（FR）两部分，即 SD＝FD＋FR，反映出物种多样性是产生功能多样性和功能冗余的基础，通过计算群落的 Simpson 物种多样性指数和功能多样性，确定其功能冗余的大小。

迄今为止，还没有工具可用于根据 16S rRNA 数据预测功能冗余。Tax4Fun2 针对单个功能通路引入了功能冗余指数（FRI）的概念，基于包含特定功能的物种比例及其相互之间的系统发育关系来计算 FRI。FRI 描述了原核生物群落的（多）功能冗余，即所研究群落中多种功能的冗余。高 FRI 表示该功能几乎在所有成员中普遍存在，低 FRI 则表示该功能仅存在于一些密切相关的物种中或仅在一个物种中被检测到，FRI 为 0 表示该功能不存在。

Tax4Fun2 会计算相对 FRI（rFRI）和绝对 FRI（aFRI），前者会用环境中的平均系统发生距离进行归一化，后者则用 Tax4Fun2 参考数据中所有原核生物的平均系统发生距离进行归一化。简而言之，rFRI 可用于比较某一项研究中的样本，而 aFRI 允许比较不同生态系统中的功能冗余指数。

♯计算功能冗余指数 FRI。

输入代码：calculateFunctionalRedundancy(path_to_otu_table = " feature-table. txt", path_to_reference_data = " Tax4Fun2_ReferenceData_v2", path_to_temp_folder = " bac_Ref99NR", database_mode = " Ref99NR", min_identity_to_reference = 0. 97)

5.3 FAPROTAX

FAPROTAX 取词于 Functional Annotation of Prokaryotic Taxa，是 Louca 等为解析微生物群落功能而创建的基于原核微生物分类的功能注释数据库，文章发表于 Science。FAPROTAX 是基于目前可培养菌的文献资料手动整理的原核功能注释数据库，其包含了 4600 多个原核微生物 80 多个功能分组（硝酸盐呼吸、产甲烷、发酵、植物病原等）的 7600 多条功能注释信息。作者提供一个自编的 python 脚本来运行预测，输入文件格式可以是基于 SILVA 或 Greengenes 数据库生成的 OTU 分类单元表，只要将基于 16S 的 OTU 分类单元表通过 python 脚本就可以输出微生物群落功能注释结果。

FAPROTAX 可根据 16S 序列的分类注释结果对微生物群落功能进行注释预测，比较适用于环境样本（海洋、湖泊等）的生物地球化学循环过程，碳、氢、氮、磷、硫等元素循环的功能注释。由于数据来源于已发表文献中被验证过的可培养菌，预测准确度好，但预测覆盖度相比于 PICRUSt2 和 Tax4Fun2 可能更低。

FAPROTAX 依赖于 16S 序列的分类结果，较好的分类结果，如物种属种水平注释比例高，才能得到较准确的预测结果，预测结果中可能出现一个 OTU 对应多个功能分组。

FAPROTAX database 是一个纯文本文件，可以使用文本编辑器查看其内容。python 脚本 collapse_table. py 基于 FAPROTAX database 中的分类单元功能注释，将 OTU 分类单元表转换为函数表。输入文件 OTU 分类单元表通常样本为列，OTU 为行，可以是经典文本格式（以制表符分隔）或 BIOM 格式（JSON 或 HDF5）。OTU 表必须包含分类路径，在经典文本文件中可以作为单独的列/行。使用 BIOM 表需要 BIOM 格式的 python 包，使用 BIOM HDF5 表还需要 h5py 模块，必须在安装 BIOM 软件包之前安装 h5py 模块。脚本 collapse_table. py 适用于 python 3. 7、Mac OS 10. 13. 6 和 BIOM 2. 1. 8。

5. 3. 1　配置环境

（1）在官网的 Download 板块下载最新包，以"FAPROTAX 1. 2. 6（complete package）"版本为例。

（2）将压缩文件 FAPROTAX_1. 2. 6. zip 放到共享文件夹里。

（3）解压下载好的压缩包文件（图 5-22）。

unzip FAPROTAX_1. 2. 6. zip

```
(qiime2-2022.2) qiime2@linux:~/share$ unzip FAPROTAX_1.2.6.zip
Archive:  FAPROTAX_1.2.6.zip
   creating: FAPROTAX_1.2.6/
  inflating: FAPROTAX_1.2.6/.DS_Store
  inflating: __MACOSX/FAPROTAX_1.2.6/._.DS_Store
  inflating: FAPROTAX_1.2.6/collapse_table.py
  inflating: __MACOSX/FAPROTAX_1.2.6/._collapse_table.py
  inflating: FAPROTAX_1.2.6/README.txt
  inflating: __MACOSX/FAPROTAX_1.2.6/._README.txt
  inflating: FAPROTAX_1.2.6/FAPROTAX.txt
  inflating: __MACOSX/FAPROTAX_1.2.6/._FAPROTAX.txt
```

图 5-22　解压 FAPROTAX_1. 2. 6. zip 软件包

5. 3. 2　数据准备

（1）找到 OTU 丰度表 feature-table. txt，放到文件夹 E：\ qiimeshare \ FAPROTAX_1. 2. 6 下，使用 Excel 打开 feature-table. txt，删除第一行，删掉 OTU ID 前面的♯。保存后退出，重命名为 otu-bac. txt。

（2）使用 OTU 丰度表 feature-table. txt 与代表性序列完成物种注释。解压缩 taxonomy-Bacteria-silva. qzv，找到文件 metadata. tsv，使用 Excel 打开。然后删除

第二行，选中 B 列进行复制。

（3）使用 Excel 将 metadata.tsv 的 B 列粘贴到 otu-bac.txt 文件数据框尾列，列名修改为 taxonomy，保存文件 otu-bac.txt（图 5-23）。

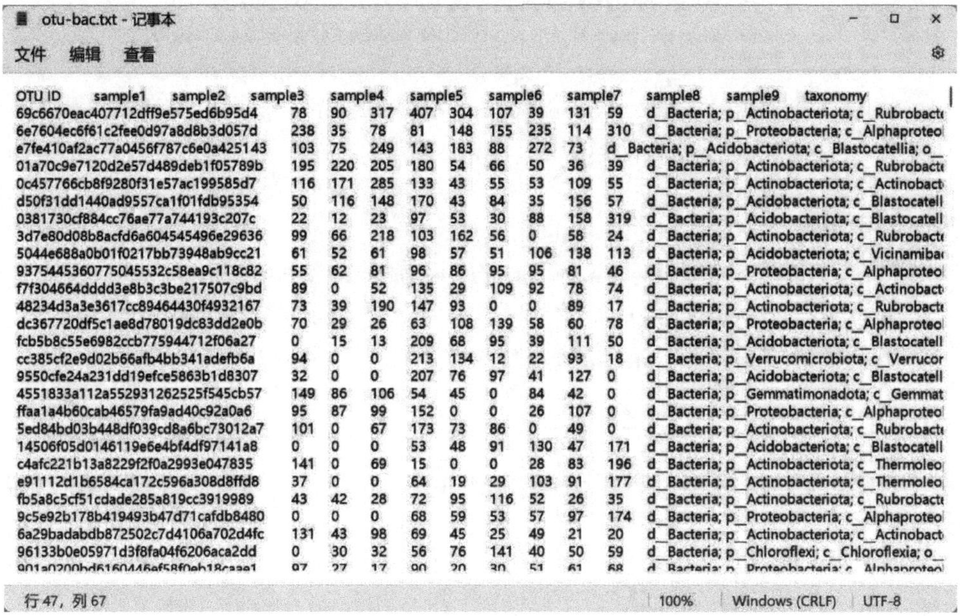

OTU ID	sample1	sample2	sample3	sample4	sample5	sample6	sample7	sample8	sample9	taxonomy
69c6670eac407712dff9e575ed6b95d4	78	90	317	407	304	107	39	131	59	d__Bacteria; p__Actinobacteriota; c__Rubrobact
6e7604ec6f61c2fee0d97a8d8b3d057d	238	35	78	81	148	155	235	114	310	d__Bacteria; p__Proteobacteria; c__Alphaproteo
e7fe410af2ac77a0456f787c6e0a425143	103	75	249	143	183	88	272	73		d__Bacteria; p__Acidobacteriota; c__Blastocatellia; o__
01a70c9e7120d2e57d489deb1f05789b	195	220	205	180	54	66	50	36	39	d__Bacteria; p__Actinobacteriota; c__Rubrobact
0c457766cb8f9280f31e57ac199585d7	116	171	285	133	43	55	53	109	55	d__Bacteria; p__Actinobacteriota; c__Actinobact
d50f31dd1440ad9557ca1f01fdb95354	50	116	148	170	43	84	35	156	57	d__Bacteria; p__Acidobacteriota; c__Blastocatell
0381730cf884cc76ae77a744193c207c	22	12	23	97	53	30	88	158	319	d__Bacteria; p__Acidobacteriota; c__Blastocatell
3d7e80d08b8acfd6a604545496e29636	99	66	218	103	162	56	0	58	24	d__Bacteria; p__Actinobacteriota; c__Rubrobact
5044e688a0b01f0217bb73948ab9cc21	61	52	61	98	57	51	106	138	113	d__Bacteria; p__Acidobacteriota; c__Vicinamiba
9375445360775045532c58ea9c118c82	55	62	81	96	86	95	95	81	46	d__Bacteria; p__Proteobacteria; c__Alphaproteo
f7f304664dddd3e8b3c3be217507c9bd	89	0	52	135	29	109	92	78	74	d__Bacteria; p__Actinobacteriota; c__Actinobact
48234d3a3e3617cc89464430f4932167	73	39	190	147	93	0	0	89	17	d__Bacteria; p__Actinobacteriota; c__Rubrobact
dc367720df5c1ae8d78019dc83dd2e0b	70	29	26	63	108	139	58	60	78	d__Bacteria; p__Proteobacteria; c__Alphaproteo
fcb5b8c55e6982ccb775944712f06a27	0	15	13	209	68	95	39	111	50	d__Bacteria; p__Acidobacteriota; c__Blastocatell
cc385cf2e9d02b66afb4bb341adefb6a	94	0	0	213	134	12	22	93	18	d__Bacteria; p__Verrucomicrobiota; c__Verrucor
9550cfe24a231dd19efce5863b1d8307	32	0	0	207	76	97	41	127	0	d__Bacteria; p__Acidobacteriota; c__Blastocatell
4551833a112a552931262525f545cb57	149	86	106	54	45	0	84	42	0	d__Bacteria; p__Gemmatimonadota; c__Gemmat
ffaa1a4b60cab46579fa9ad40c92a0a6	95	87	99	152	0	0	26	107	0	d__Bacteria; p__Proteobacteria; c__Alphaproteo
5ed84bd03b448df039cd8a6bc73012a7	101	0	67	173	73	86	0	49	0	d__Bacteria; p__Actinobacteriota; c__Rubrobact
14506f05d0146119e6e4bf4df97141a8	0	0	0	53	48	91	130	47	171	d__Bacteria; p__Acidobacteriota; c__Blastocatell
c4afc221b13a8229f2f0a2993e047835	141	0	69	15	0	0	28	83	196	d__Bacteria; p__Actinobacteriota; c__Thermoleo
e91112d1b6584ca172c596a308d8ffd8	37	0	0	64	19	29	103	91	177	d__Bacteria; p__Actinobacteriota; c__Thermoleo
fb5a8c5cf51cdade285a819cc3919989	43	42	28	72	95	116	52	26	35	d__Bacteria; p__Actinobacteriota; c__Rubrobact
9c5e92b178b419493b47d71cafdb8480	0	0	0	68	59	53	57	97	174	d__Bacteria; p__Proteobacteria; c__Alphaproteo
6a29badabdb872502c7d4106a702d4fc	131	43	98	69	45	25	49	21	20	d__Bacteria; p__Actinobacteriota; c__Actinobact
96133b0e05971d3f8fa04f6206aca2dd	0	30	32	56	76	141	40	50	59	d__Bacteria; p__Chloroflexi; c__Chloroflexia; o__

图 5-23 FAPROTAX 分析输入文件 otu-bac.txt

5.3.3 功能预测

实际操作如下。

（1）执行 collapse_table.py 进行功能预测。

运行命令

```
python collapse_table.py -i otu-bac.txt -o otu-tax-faprtax-bac.txt -g FAPROTAX.txt -r report-bac.txt -v --force -d 'taxonomy'
```

参数解读

① -i：输入文件，物种丰度表。

② -g：输入文件，FAPROTAX 自带数据库，在 FAPROTAX_1.2.5/目录下。

③ -r：中间过程文件，可以查看哪些菌属没有被数据库对比上。

④ -o：输出文件，功能丰度表。

⑤ --collapse_by_metadata：指定 biom 中的物种信息列。

运行界面

```
(qiime2-2022.2) qiime2@linux:~/share/FAPROTAX_1.2.6$ python collapse_table.py -i otu-bac.txt -o otu-tax-fapr
tax-bac.txt -g FAPROTAX.txt -r report-bac.txt -v --force -d 'taxonomy'
  Reading input table..
  Loaded 5058 out of 5058 rows amongst 5059 lines, and 10 columns, from file 'otu-bac.txt'
  Reading groups..
  Read 9064 lines from groups file, found 92 groups with 8309 members (5042 unique members)
  Assigning rows to groups..
```

（2）查看文件夹中文件列表 tree -L 2；根据提示先安装 tree：sudo apt install tree，安装 tree 后重新输入 tree -L 2。

运行界面

```
(qiime2-2022.2) qiime2@linux:~/share/FAPROTAX_1.2.6$ tree -L 2
.
├── FAPROTAX.txt
├── README.txt
├── collapse_table.py
├── otu-bac.txt
├── otu-tax-faprtax-bac.txt
└── report-bac.txt
```

（3）使用 Excel 打开输出文件 otu-tax-faprtax-bac.txt，查看样本与功能丰度的对应关系。

（4）使用 Excel 打开输出文件 report-bac.txt，查看与每个功能类型对应的物种。

5.4 代谢通路丰度柱状图

本节详细介绍使用 Origin 2019 软件实现 PICRUSt2、Tax4Fun2 和 FAPRO-TAX 等功能预测分析流程输出结果可视化，即绘制代谢通路丰度柱状图。

5.4.1 基于 PICRUSt2 输出数据绘图

根据 KEGG 通路层级汇总 pathway-3. xls 的一级通路数据绘制柱状图。

（1）首先根据分类合并一级（level 1）通路，获得 KEGG 一级通路丰度数据（图 5-24）。根据分组信息合并处理原数据，分组信息是 sample1～3 属于荒漠草原组（DS），sample4～6 属于典型草原组（TS），sample7～9 属于草甸草原组（MS）。

（2）将数据导入 Origin 2019，选中 DS 组数据，单击右键，点击"行统计"＞"打开对话框"＞"输出量"，选择"均值"和"标准差"，点击"确定"，在工作表的 K、L 列输出结果；按同样操作方式计算 TS 和 MS 组的均值与标准差（图 5-25）。

level1	DS-1	DS-2	DS-3	TS-1	TS-2	TS-3	MS-1	MS-2	MS-3
未分类	306.1401515	174.0021212	304.4488636	208.98	326.0390152	330.7107576	301.7164394	253.0828788	380.3195455
有机系统	2389.352093	2612.940954	3138.228659	3121.243558	2182.057561	2405.543537	2308.217919	2965.666961	3635.201009
代谢	827628.0651	869679.3113	1014502.411	1005097.219	732718.773	831398.196	808459.5155	950836.194	1192183.829
人类疾病	1957.601792	1838.197198	1039.54352	1554.191155	1178.758655	1303.263711	933.6997208	2482.475907	1515.517001
遗传信息处理	117206.2968	125986.0917	147547.6205	149218.8629	107342.7723	117348.7522	113841.4072	137673.7387	173898.9804
环境信息处理	20219.4389	20133.4202	23630.64415	22253.9189	17024.40891	19204.12318	18803.01509	21369.56209	27098.03333
细胞过程	39980.71915	39298.26847	45607.70558	45184.30564	34232.5157	37020.03933	37278.71796	41146.60169	53906.43694

图 5-24　KEGG 一级通路丰度数据

	F(Y)	G(Y)	H(Y)	I(Y)	J(Y)	K(Y) 均值	L(yEr±) 标准差	M(Y) 均值	N(yEr±) 标准差	O(Y) 均值	P(yEr±) 标准差
长名称	TS-2	TS-3	MS-1	MS-2	MS-3	均值	标准差	均值	标准差	均值	标准差
单位											
注释						B"DS-1":D"DS-3"的行上的统计信息	B"DS-1":D"DS-3"的行上的统计信息	E"TS-1":G"TS-3"的行上的统计信息	E"TS-1":G"TS-3"的行上的统计信息	H"MS-1":J"MS-3"的行上的统计信息	H"MS-1":J"MS-3"的行上的统计信息
F(x)=											
1	326.03902	330.71076	301.71644	253.08288	380.31955	261.53038	75.80641	288.57659	68.97224	311.70629	64.2039
2	2182.05756	2405.54354	2308.21792	2965.66696	3635.20101	2713.50724	384.43362	2569.61489	490.61914	2969.6953	663.50072
3	732718.773	831398.19696	808459.51546	950836.194	1192183.82942	903936.89678	98034.06764	856404.72933	137900.32451	983826.51296	193977.72589
4	1178.75866	1303.26371	933.69972	2482.47591	1515.517	1611.78084	499.15531	1345.40451	191.23095	1643.89754	782.32863
5	107342.77231	117348.75223	113841.40725	137673.73865	173898.98041	130246.66967	15612.92333	124636.79583	21868.66312	141804.70877	30241.14265
6	17024.40891	19204.12318	18803.01509	21369.56209	27098.03333	21327.83441	1994.75545	19494.17456	2626.82909	22423.53684	4246.761
7	34232.5157	37020.03933	37278.71796	41146.60169	53906.43694	41628.89773	3462.60287	38812.28689	5691.62009	44110.58553	8701.10107

图 5-25　导入数据

（3）将长名称改为各组的组别，为了图片更美观，可以将数据降序排列，计算各代谢通路的数据总和，选择 B~J 列数据，单击右键，点击"行统计"＞"打开对话框"＞"输出量"，选择"总和"，点击"确定"，在 Q 列输出结果；选中 Q 列，单击右键，点击"工作表排序"＞"降序"。注意将注释行信息删除。

（4）选中 K~P 列数据，选择绘图的样式，点击"绘图"＞"基础 2D 图"＞"柱状图"。

（5）调整作图参数，输出一级代谢通路基因丰度柱状图（图 5-26）。

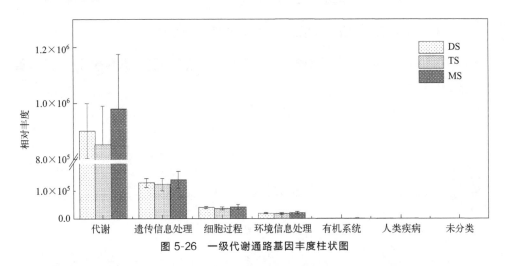

图 5-26　一级代谢通路基因丰度柱状图

根据三种类型草原间一级功能基因丰度分布情况，可见已知的六大类生物代谢通路中，代谢（metabolism）相关基因丰度最高，说明代谢是主要功能，其次是遗传信息处理（genetic information processing）与细胞过程（cellular processes）。此外，草甸草原组（MS）的功能基因丰度普遍高于荒漠草原组（DS）与典型草原组（TS），说明草甸草原中的微生物活动可能更加活跃。

5.4.2 基于 Tax4Fun2 输出数据绘图

基于 Tax4Fun2 流程输出的 KO 的 KEGG 二级通路（level 2）数据绘制条形图，数据来源于 pathway_prediction.txt 文件。

（1）数据整理：将二级通路（level 2）相同项数据合并，并筛选出丰度总和大于 0.1 的二级通路，sample1、sample2、sample3、sample4、sample5、sample6、sample7、sample8、sample9 依次对应于 DS-1、DS-2、DS-3、TS-1、TS-2、TS-3、MS-1、MS-2、MS-3。丰度总和阈值 0.1 仅做演示，读者可以根据自己需求调整阈值（图 5-27）。

	A	B	C	D	E	F	G	H	I	J	K	L
1	level3	level2	DS-1	DS-2	DS-3	TS-1	TS-2	TS-3	MS-1	MS-2	MS-3	求和
2	Metabolism	Global and overview maps	0.362931	0.366186	0.367069	0.369522	0.367131	0.368322	0.367444	0.368267	0.368896	3.305769
3	Metabolism	Carbohydrate metabolism	0.088274	0.090344	0.091618	0.089243	0.090991	0.091008	0.087887	0.089631	0.088772	0.807767
4	Metabolism	Amino acid metabolism	0.076565	0.077614	0.079085	0.07856	0.077143	0.07863	0.078081	0.07822	0.07917	0.703067
5	Environmental Information Processing	Membrane transport	0.061945	0.056738	0.057518	0.057866	0.05865	0.059475	0.060745	0.058397	0.058039	0.529374
6	Cellular Processes	Cellular community - prokaryotes	0.050234	0.046756	0.046827	0.046408	0.047898	0.046893	0.048532	0.046824	0.047581	0.427953
7	Metabolism	Xenobiotics biodegradation and metab	0.044619	0.041966	0.041723	0.048002	0.042352	0.043533	0.0483	0.044079	0.046197	0.40077
8	Environmental Information Processing	Signal transduction	0.043156	0.043672	0.04225	0.041037	0.042485	0.04075	0.040795	0.042756	0.041136	0.378039
9	Metabolism	Lipid metabolism	0.037167	0.037847	0.038228	0.037062	0.036975	0.038661	0.036979	0.036992	0.03757	0.337481
10	Metabolism	Energy metabolism	0.032324	0.031429	0.031816	0.032609	0.032777	0.032465	0.033325	0.032599	0.033409	0.292774
11	Metabolism	Metabolism of cofactors and vitamins	0.031821	0.032111	0.031739	0.032601	0.032279	0.032341	0.032292	0.032426	0.032354	0.289963
12	Metabolism	Metabolism of terpenoids and polyket	0.023056	0.027953	0.023474	0.020661	0.022409	0.023208	0.019287	0.022961	0.020308	0.203317
13	Metabolism	Nucleotide metabolism	0.016902	0.016759	0.017321	0.016794	0.016841	0.016526	0.01685	0.017104	0.016738	0.151835
14	Metabolism	Metabolism of other amino acids	0.016476	0.016026	0.016187	0.016848	0.016235	0.016392	0.016871	0.016473	0.016847	0.148354
15	Metabolism	Biosynthesis of other secondary metab	0.014619	0.015312	0.015131	0.014648	0.014911	0.015158	0.014015	0.014797	0.014388	0.133059

图 5-27 丰度总和阈值 0.1 数据

（2）将处理好的数据导入 Origin 2019，绘图数据格式如图 5-28。

	A(L)	B(Y)	C(Y)	D(Y)	E(Y)	F(Y)	G(Y)	H(Y)	I(Y)	J(Y)
长名称	level2	DS-1	DS-2	DS-3	TS-1	TS-2	TS-3	MS-1	MS-2	MS-3
单位										
注释										
F(x)=										
3	Amino acid metabolism	0.07656	0.07761	0.07908	0.07856	0.07714	0.07863	0.07808	0.07822	0.07917
4	Xenobiotics biodegradation and metabolism	0.04462	0.04197	0.04172	0.048	0.04235	0.04353	0.0483	0.04408	0.0462
5	Lipid metabolism	0.03717	0.03785	0.03823	0.03706	0.03698	0.03866	0.03698	0.03699	0.03757
6	Energy metabolism	0.03232	0.03143	0.03182	0.03261	0.0328	0.03247	0.03332	0.0326	0.03341
7	Metabolism of cofactors and vitamins	0.03182	0.03211	0.03174	0.0326	0.03228	0.03234	0.03229	0.03243	0.03235
8	Metabolism of terpenoids and polyketides	0.02306	0.02795	0.02347	0.02066	0.02241	0.02321	0.01929	0.02296	0.02031
9	Nucleotide metabolism	0.0169	0.01676	0.01732	0.01679	0.01684	0.01653	0.01685	0.0171	0.01674
10	Metabolism of other amino acids	0.01648	0.01603	0.01619	0.01685	0.01624	0.01639	0.01687	0.01647	0.01685
11	Biosynthesis of other secondary metabolites	0.01469	0.01532	0.01513	0.01465	0.01491	0.01516	0.01401	0.0148	0.01439
12										
13	Membrane transport	0.06195	0.05674	0.05752	0.05787	0.05865	0.05947	0.06075	0.0584	0.05804
14	Signal transduction	0.04316	0.04367	0.04225	0.04104	0.04249	0.04075	0.04079	0.04276	0.04114
15										
16	Cellular community - prokaryotes	0.05023	0.04676	0.04683	0.04641	0.0479	0.04689	0.04853	0.04682	0.04758

图 5-28 导入数据

（3）选择绘图的样式作图，点击"绘图"＞"基础 2D 图"＞"堆积条形图"。根据读者需求，调整作图参数，输出二级代谢通路基因丰度条形图（图 5-29）。

三种类型草原中的主要功能通路为代谢（metabolism），包括全局和总览图

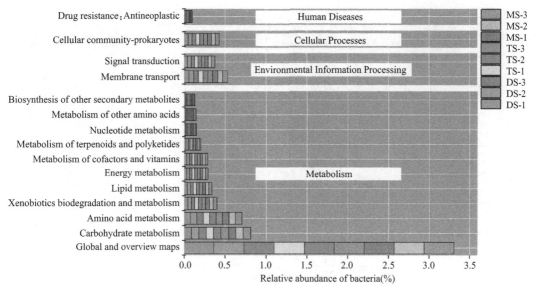

图 5-29　二级代谢通路基因丰度条形图

（global and overview maps）、碳水化合物代谢（carbohydrate metabolism）、氨基酸代谢（amino acid metabolism）、外源性物质生物降解和代谢（xenobiotics biodegradation and metabolism）、脂肪酸代谢（lipid metabolism）、能量代谢（energy metabolism）。其次，还有环境信息处理中的膜运输（membrane transport）、信号转导（signal transduction）以及细胞过程通路的细胞群落-原核生物（cellular community-prokaryotes）。

5.4.3　基于 FAPROTAX 输出数据绘图

基于 FAPROTAX 流程输出的 otu-tax-faprtax-bac. txt 文件数据绘制百分比堆积柱状图。

（1）使用 Excel 查看 otu-tax-faprtax-bac. txt 文件；并对 9 个样本求和，降序排列，选出丰度比例大于 0.5% 的功能数据（图 5-30）。

（2）将整理好的数据导入 Origin 2019（图 5-31），首列为样本名称，首行为功能名称，其中 sample1、sample2、sample3、sample4、sample5、sample6、sample7、sample8、sample9 依次对应于 DS-1、DS-2、DS-3、TS-1、TS-2、TS-3、MS-1、MS-2、MS-3。

（3）使用 Origin 2019 软件进行绘图，绘图样式选择"绘图" >"基础 2D 图" > "百分比堆积柱状图"。根据读者需求，调整作图参数，输出功能基因丰度柱状图（图 5-32）。

	A	B	C	D	E	F	G	H	I	J	K	L	M
1	group	OTU ID	sample1	sample2	sample3	sample4	sample5	sample6	sample7	sample8	sample9	all	
2	chemohete	NA	3870	2464	4532	4252	3809	3538	3496	2613	3920	32494	36.10%
3	aerobic_ch	NA	3787	2450	4478	4187	3612	3508	3451	2542	3725	31740	35.26%
4	nitrate_red	NA	1290	947	2440	1995	1408	946	538	828	821	11213	12.46%
5	nitrogen_fi	NA	238	35	78	81	148	155	235	114	351	1435	1.59%
6	aromatic_c	NA	59	106	60	148	47	224	255	18	29	946	1.05%
7	animal_par	NA	92	92	96	109	71	78	27	42	178	785	0.87%
8	human_pa	NA	92	92	96	109	71	76	16	27	125	704	0.78%
9	human_ass	NA	92	92	96	109	71	76	16	27	125	704	0.78%
10	human_pa	NA	92	92	88	109	71	76	16	27	125	696	0.77%
11	phototrop	NA	81	0	26	42	99	188	169	29	48	682	0.76%
12	photohete	NA	81	0	26	40	99	159	169	20	48	642	0.71%
13	photoauto	NA	59	0	17	42	99	188	161	29	29	624	0.69%
14	nitrate_res	NA	62	0	17	40	99	159	161	20	29	587	0.65%
15	nitrogen_r	NA	62	0	17	40	99	159	161	20	29	587	0.65%
16	nitrate_der	NA	59	0	17	40	99	159	161	20	29	584	0.65%
17	nitrite_den	NA	59	0	17	40	99	159	161	20	29	584	0.65%
18	nitrous_oxi	NA	59	0	17	40	99	159	161	20	29	584	0.65%
19	denitrificat	NA	59	0	17	40	99	159	161	20	29	584	0.65%
20	nitrite_resp	NA	59	0	17	40	99	159	161	20	29	584	0.65%
21	anoxygeni	NA	59	0	17	40	99	159	161	20	29	584	0.65%
22	anoxygeni	NA	59	0	17	40	99	159	161	20	29	584	0.65%
23	predatory_	NA	77	103	11	73	46	55	22	38	68	493	0.55%
24	chitinolysis	NA	20	8	2	0	197	15	16	57	148	463	0.51%

图 5-30　丰度比例大于 0.5% 的功能数据

长名称	A(X)	B(Y)	C(Y)	D(Y)	E(Y)	F(Y)	G(Y)	H(Y)	I(Y)	J(Y)	K(Y)	L(Y)	M(Y)	N(Y)
单位	group	chemoheter	aerobic_ch	nitrate_re	nitrogen_f	aromatic_c	animal_par	human_path	human_asso	human_path	phototroph	photoheter	photoautot	nitrate_re	nitr
注释															
F(x)=															
1	DS-1	3870	3787	1290	238	59	92	92	92	92	81	81	59	62
2	DS-2	2464	2450	947	35	106	92	92	92	92	0	0	0	0
3	DS-3	4532	4478	2440	78	60	96	96	96	88	26	26	17	17
4	TS-1	4252	4187	1995	81	148	109	109	109	109	42	40	42	40
5	TS-2	3809	3612	1408	148	47	71	71	71	71	99	99	99	99
6	TS-3	3538	3508	946	155	224	78	76	76	76	188	159	188	159
7	MS-1	3496	3451	538	235	255	27	16	16	16	169	169	161	161
8	MS-2	2613	2542	828	114	18	42	27	27	27	29	20	29	20
9	MS-3	3920	3725	821	351	29	178	125	125	125	48	48	29	29

图 5-31　导入数据

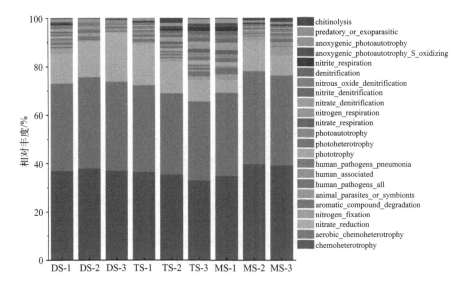

图 5-32　功能基因丰度柱状图

三种类型草原土壤中的微生物群落功能主要有化能异养（chemoheterotrophy）、好氧化能异养（aerobic_chemoheterotrophy）、硝酸盐还原（nitrate_reduction）、固氮作用（nitrogen_fixation）等。化能异养是由不依赖于光能的内源化学反应获得能量、利用有机物满足全部或主要碳素需求的微生物营养类型，三种类型草原均以化能异养型和好氧化能异养为主，占 60% 以上，并且这两类功能基因的丰度在三类草原中无太大变化。然而，硝酸盐还原在荒漠草原中基因丰度最高，典型草原次之，草甸草原中丰度最低，呈现出明显的变化趋势，硝酸盐还原在微生物和植物中，是以硝酸盐为氮源加以利用和同化时的第一阶段反应。草甸草原中固氮作用的基因丰度较高，说明含有的固氮微生物丰度较高，理化指标表（表 1-2）中也显示草甸草原土壤中的含氮量最高，说明特定功能微生物类群的多少与环境理化因子息息相关，功能差异可能会起到指示作用。

5.5 STAMP 软件

STAMP 是一款用于微生物分类信息和功能谱可视化分析的软件，主要通过 Beta 多样性散点图、物种丰度柱状图、箱线图和 Post-hoc 图展示差异的物种/功能。此外，还可以绘制带误差线柱状图、误差线和柱分离组合图、相关散点图、密度柱状图、p 值柱状图等统计图表。本节使用 STAMP 基于 PICRUSt2 的结果进行分析，详细探索数据情况。

访问 STAMP 官网，在"Downloads"模块下点击"STAMP v2.1.3"下载 STAMP 2.1.3 安装包。下载完成后，运行安装程序进行安装，注意安装路径不得含有中文字符，否则可能无法正常使用。

5.5.1 导入数据

STAMP 导入文件通常包括 OTU（功能组成矩阵文件）与实验设计文件，STAMP 允许导入的文件格式是制表符分隔（tab-separated）的纯文本文件。本节以 PICRUSt2 流程输出的 KEGG 二级功能通路数据为例。

（1）使用 Excel 整理成如图 5-33 中的格式，A 列为 PathwayL2，B～J 列为各样本中功能基因丰度数据，并另存为文本分隔制表符的形式。功能丰度文件每列都必须要包含表头，未知的条目应记为 unclassified（不区分大小写）。

（2）需要准备一个分组信息文件（图 5-34），该文件也应当是制表符分隔的文件，第一列包含样品名称，与数据文件中的样本名称一一对应，其他列可以包含样本相关的任何数据。分组信息文件必须包括样品名和组名，根据实验设计可以同时包含多种分组方式。

	A	B	C	D	E	F	G	H	I	J
1	PathwayL2	sample1	sample2	sample3	sample4	sample5	sample6	sample7	sample8	sample9
2	Amino acid metabolism	140654	140321	173730	176545	127204	141267	137352	157686	201174
3	Biosynthesis of other secondary metabolites	28024.8	26328.2	33222.5	39921.5	29777.8	30558.4	30226.8	32282.8	48208.6
4	Cancer: overview	0	0	0	0	236.568	240.265	0	0	0
5	Carbohydrate metabolism	162429	159852	199119	199146	143948	162328	157179	177434	225755
6	Cardiovascular disease	39.195	0	0	0	48.9563	0	17.9145	30.5374	27.4368
7	Cell growth and death	14177.6	13857.5	17121.8	17946.8	12928.1	13876.1	13783.2	16160.3	21357.8
8	Cell motility	20225.3	17363.3	18731.2	18830.6	15232.2	16841.1	19089.8	16686.5	23595.7
9	Cellular community - prokaryotes	1294.97	1370.66	1581.75	1740.87	1291.82	1328.77	1256.85	1592.82	2071.06
10	Digestive system	177.477	217.246	335.927	424.943	296.866	301.71	226.202	381.077	464.412
11	Endocrine system	630.466	801.326	1059.17	1022.65	572.662	785.202	606.69	666.781	925.747
12	Energy metabolism	53303	53465.3	65784.6	67741.6	49072.3	53506.4	51927.9	60785.8	78677
13	Environmental adaptation	1581.31	1575.26	1886.66	1842.98	1366.24	1489.65	1466.03	1682.03	2169.16
14	Folding, sorting and degradation	33333.5	35074.9	42975.4	43584.8	31281.5	33388.4	32059	39834.6	50641.3
15	Glycan biosynthesis and metabolism	27514.1	28575.5	36339.4	40031.1	28959.6	30209.6	27760.4	35972.2	47918.4
16	Immune disease	5.76043	5.5213	13.7678	13.7243	10.5361	10.1883	5.29	8.15957	18.5948
17	Infectious disease: bacterial	332.08	273.398	331.243	251.787	308.545	298.267	280.294	249.279	372.484
18	Infectious disease: parasitic	536.539	353.346	792.292	633.73	628.627	706.399	604.953	863.758	1003.51
19	Lipid metabolism	58153.4	53542.8	67410.3	69016.4	49068.9	55428.6	57182.1	61844.7	80829.1
20	Membrane transport	16185.5	14811.1	18739	17702.8	13859.6	15089.4	14816.2	16473	21507
21	Metabolism of cofactors and vitamins	123874	126235	153537	156261	113795	122608	120039	140511	182856
22	Metabolism of other amino acids	83179.1	81212.7	100452	92572	67959.5	82070.1	80818.7	92061.7	118927
23	Metabolism of terpenoids and polyketides	102952	107637	128378	131694	94893.3	107372	103321	121307	157106
24	Neurodegenerative disease	953.793	558.943	0	0	0	0	0	1112.85	0
25	Nucleotide metabolism	16139.4	16663.1	20412.8	20980.7	15084.6	16308.3	15624.6	18994.2	24420
26	Replication and repair	51386.8	52233	62243.7	63455.9	47270.3	51318	50002.3	57602	75868.2

图 5-33　KEGG 二级功能通路数据

group.txt - 记事本

文件　编辑　查看

#Sample Group
sample1 DS
sample2 DS
sample3 DS
sample4 TS
sample5 TS
sample6 TS
sample7 MS
sample8 MS
sample9 MS

图 5-34　分组信息文件

💡 知识拓展 ··

一般导入数据时会遇到以下几个问题，做好前期的准备工作可以让分析流程事半功倍。

① 读入文件错误。STAMP 要求的输入分类级不允许在各级别有重名，解决方法为未注释的需要合并统计并标记为 unclassified。

② 实验设计和丰度矩阵样品名不对应（/Metadat warnings：Missing metadat

for the following samples)。解决方法：实验设计文件中缺失 OTU 表中的样品名，如果是人为注释或去除掉的，可以忽略此警告，否则仔细检查实验设计是否与矩阵中样品名对应。

③ 打开软件后，点击左上角的"file"＞"load data"，弹出 Load data 工作框。

④ 选择目标数据文件 Profile file 与分组信息文件 Group，点击"OK"即可导入（图 5-35）。

注：文件路径中不能包含中文字符。

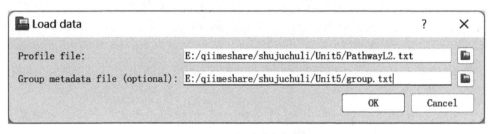

图 5-35　加载分析文件路径

5.5.2　假设检验

在 Properties 面板设置参数进行图表绘制（图 5-36）。TAMP 软件默认打开 Multiple groups 界面，根据实际需要选择比较方案。如果比较两组间差异，点击"Two groups"，选择"目标组名/统计方法/过滤条件"来实现显著性差异统计分析。

图 5-36　假设检验参数设置

关于假设检验，STAMP 提供了对多组、两组和样本间的统计检验方法，以及与之相应的事后检验（Post-hoc test）、置信区间和多重检验等。推荐使用 ANOVA 进行多组样品假设检验，建议使用适用性更广泛的 Welch's t-test 方法检验两组样品，使用 Fisher 精确检验比较样本间差异。对于多重检验校正，可以选择传统的 Benjamini-Hochberg 方法，但更推荐使用 Storey's FDR。Storey's FDR 方法的计算量更大，效果也比 Benjamini-Hochberg 更好。

5.5.2.1　多组比较

STAMP 提供的对于多组样本的假设检验、事后检验与多重校正方法。加粗字体表示推荐方法，翻译自 STAMP 2.1.3 帮助文档第 14 页。在 STAMP 官网的"Documentation"模块下点击"User's Guide"下载 STAMP 2.1.3 帮助文档 PDF 版。

（1）统计假设。

ANOVA：方差分析（analysis of variance）的缩写，用于检验多组均值是否相等的方法，可看作是分析多组的 t-test。

Kruskal-Wallis H-test：无参数的秩合检验方法，检验多组的中位数是否相等。它考虑样品排序位置而不是真实数值或比例，没有要求数据必须是正态分布。此方法要求每组至少 5 个样本。

（2）事后检验。

Games-Howell：当 ANOVA 产生了显著 p 值后，检验具体哪两个均值显著不同，用于组样本和方差不同时。推荐使用 Games-Howell 输出最终结果，而 Tukey-Kramer 用于探索分析。

Scheffe：可以考虑所有可能的比较，而 Tukey-Kramer 方法较保守，只考虑成对均值。

Tukey-Kramer：用于 ANOVA 检验显著后进一步成对比较。考虑所有可能的均值对，并进行多次比较的错误率控制。当方差不同和组样本量小时推荐使用 Tukey-Kramer 方法。且此方法使用广泛，被研究者熟知。

Welch's（uncorrected）：只是成对均值比较，不进行多次比较的错误率控制。

（3）多重检验校正。

Benjamini-Hochberg FDR：控制假阳性率 FDR。

Bonferroni：控制整体错误率的经典方法，但是太保守。

Sidak：在整体错误率控制中使用不多，但均匀分布数据上比 Bonferroni 更强，但需要假设个体检验是独立的。

Storey's FDR：控制 FDR 的新方法，比 BH 更强。但是需要估计一些参数和更多的计算资源。

5.5.2.2　分析两组

STAMP 提供的对于两组样本的假设检验、置信区间与多重校正方法如下。加粗字体表示推荐方法，翻译自 STAMP 2.1.3 帮助文档第 17 页。

（1）统计假设方法。

t 检验：亦称 student t 检验（Student's t test），假设两组有相同的方差，当假设成立时，它比 Welch's 检验更强，主要用于小样本（$n < 30$）与总体标准差 σ 未知的正态分布。

Welch's t-test：t-test 的一种变形，适用于假设两组方差不相同的情况。

White's non-parametric t-test：无参数的检验，由 White 分析临床宏基因组数据时提出，此方法使用排序过程移除标准 t-test 的正态假设。此外，它使用启发式鉴定松散的特征，可采用 Fisher 精确检验和 pooling 的策略，适合组样本一致或小于 8 个样品的情况，大数据集计算耗时。

（2）置信区间方法。

DP（t-test inverted）：只有当方差相等的 t 检验可用。

Scheffe：考虑所有可能的比较，而 Tukey-Kramer 只考虑成对均值，此种方法较保守。

DP（Welch's inverted）：为 Welch's t 检验提供置信区间。

DP（bootstrap）：适合 White's non-parametric t-test。

（3）多种检验校正方法。

Benjamini-Hochberg FDR：控制假阳性率 FDR。

Bonferroni：控制整体错误率的经典方法，但被评价太保守。

Sidak：在整体错误率控制中使用不多，但均匀分布数据上比 Bonferroni 更强，需要假设个体检验是独立的。

Storey's FDR：控制 FDR 的新方法，比 BH 更强，需要估计一些参数和更多的计算资源。

5.5.2.3　分析两样本

STAMP 提供的对于两样品统计检验的情况所应用的假设检验、置信区间与多重检验校正方法如下，加粗字体表示推荐方法。CC＝连续校正，DP＝比例差异，OR＝让步比，RP＝比例。翻译自 STAMP 2.1.3 帮助文档第 19 页。

（1）统计假设方法。

Bootstrap：一种无参方法，与 Barnard 精确检验相似，假设放回抽样。

卡方 Chi-squre：大样本与 Fisher 精确检验类似，但更自由。

Yates 卡方：在卡方基础上考虑了分布，比 Fisher 更保守。

Fisher exact test：条件精确检验，p 值采用最大似然方法。宏基因组大数据样本计算速度快，应用广泛且公众认可。

G-test：大样本与 Fisher 近似，比卡方更合适，比 Fisher 更灵活。

G-test with Yates'：大样本与 Fisher 类似，考虑自然离散校正，比 Fisher 更保守。

G-test（w/Yates'）＋Fisher's：当列联表中小于 20 使用 Fisher 精确检验，其他使用 G-test。为了结果清楚，推荐只使用 Fisher 精确检验。而在探索数据阶段，使用混合的统计方法可能更有效。

超几何分布：p 值使用两种方法的条件精确检验，比最小似然法（在 R 和 StatXact 中常用）更快但更保守。

置换：与 Fisher 类似，假定无放回抽样。

（2）置信区间方法。

DP（渐近）：标准的大样本方法。

Scheffe：考虑所有可能的比较，而 Tukey-Kramer 只考虑成对均值。此种方法较保守。

DP（CC 渐近）：考虑自然离散分布和连续校正。

DP（Newcombe-Wilson）：Newcombe 推荐的 7 种渐近方法中最优的。

OR（Haldane adjustmet）：大样本方法结合校正解决退化问题。

RP（渐近）：标准的大样本方法。

（3）多重检验校正方法。

Benjamini-Hochberg FDR：控制假阳性率 FDR。

Bonferroni：控制整体错误率的经典方法，但是太保守。

Sidak：在整体错误率控制中使用不多，但均匀分布数据上比 Bonferroni 更强，但需要假设个体检验是独立的。

Storey's FDR：控制 FDR 的新方法，比 BH 更强，需要估计一些参数和更多的计算资源。

常用的多组分析统计学方法包括 ANOVA 和 Kruskal-Wallis H-test。两组之间比较统计学方法包括 t-test（equalvariance），Welch's t-test 和 White's non-parametric t-test。为了确保统计学意义和结果的准确度，需要选择合适的检验方法。t-test 检验可以在最少样本数为 4 的时候保持较高的准确度和精确度，而且当两个分组之间具有相同的方差时，用 t-test 也更为准确。当方差不同时，Welch's t-test 更为准确。White's non-parametric t-test 算法计算时间较长，当样本数目少于 8 的时候，可以使用该检验方法，当样本数目过多时，不宜使用该检验方法。

5.5.3 分析可视化

5.5.3.1 作图类型

常见的 STAMP 可视化类型有 Bar plot（柱状图）、Box plot（箱线图）、Heat-map plot（热图）、PCA plot（主成分分析图）、Scatter plot（散点图）和 Extended error bar（误差条形图）等（图 5-37）。

方法选择策略：推荐使用 PCA plot 进行整体分析，通过不断筛选分组来观察组间整体差异；推荐使用 Bar plot 或 Box plot 逐个查看多组间显著差异的 OTUs，3～15 个组间重复为宜，大于 15 个最好只用 Box plot；组内样本波动大推荐使用更直观的 Box plot，波动小可选

图 5-37　常见的 STAMP 可视化类型

Bar plot＋Extended error bar；组间差异明显，组内重复好，推荐使用包含丰富信息的 Heatmap plot＋clustering tree。推荐使用 Bar plot 比较两组间差异，整体可用 Extended error bar。

5.5.3.2 图形解读

（1）PCA 图　图 5-38 展示了三种类型的细菌功能基因丰度在组间是否有差

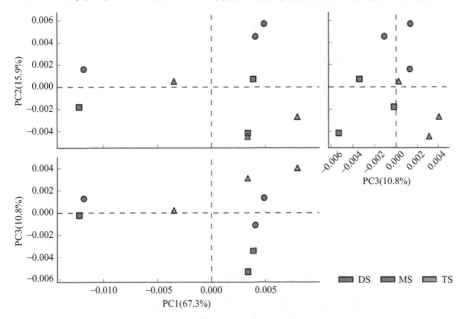

图 5-38　二级 KEGG 代谢通路基因丰度 PCA 图

异，也能够观察同组样本的差异的大小。发现不同组样本虽然可以区分开，但是没有明显的聚集性，群落整体功能差异较小，说明了连续区域草原类型的改变对微生物群落功能影响较小。

（2）Heatmap 图（可以选择两两对比或者多组对比，设置 p-value filter 的数值，对显示图片进行调整） 图 5-39 检验三种类型草原间是否存在显著差异的功能，以热图的形式展示差异功能的丰度，发现有 3 个差异功能，碳水化合物代谢（carbohydrate metabolism）、环境适应（environmental adaptation）和其他次级代谢物的生物合成（biosynthesis of other secondary metabolites）。碳水化合物代谢为微生物提供代谢所需能量，维持微生物的生长和繁殖。

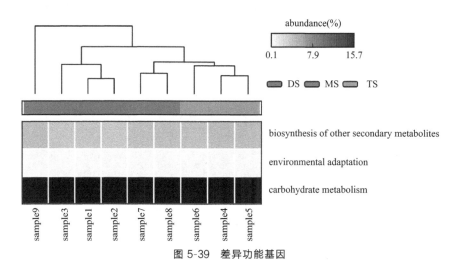

图 5-39　差异功能基因

（3）柱状图　不同样本中 Biosynthesis of other secondary metabolites 通路的丰度（图 5-40），相同颜色的柱子表示属于同组数据，横线代表组内样本平均值，$p=0.020<0.05$ 表明该通路在不同组间有差异。

（4）箱线图　箱线图（Boxplot）又称为盒须图、盒式图或箱形图，是一种用作显示一组数据分散情况资料的统计图，因形状如箱子而得名。它主要用于反映原始数据分布的特征，还可以进行多组数据分布特征的比较。箱线图的绘制方法是：先找出一组数据的上边缘、下边缘、中位数和两个四分位数；然后，连接两个四分位数画出箱体；再将上边缘和下边缘与箱体相连接，中位数在箱体中间。不同组间真核细胞群体通路的丰度分布特征见图 5-41，$p=0.020<0.05$ 表明该通路在组间有差异。

（5）误差条形图　比较不同组样本的 KEGG pathway，并筛选出具有显著性组间差异的 pathway。统计结果（图 5-42）表明 DS 组（蓝色）与 TS 组（绿色）存在显著差异的通路，即 Environmental adaptation 和 Biosynthesis of other secondary

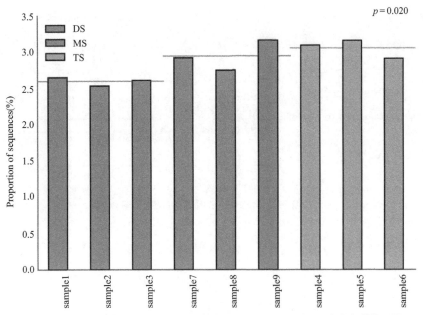

图 5-40　样本间 Biosynthesis of other secondary metabolites 通路丰度差异图

metabolites。左边条形图代表富集在该 KEGG 通路的 reads 数目，右边为矫正 p 值。

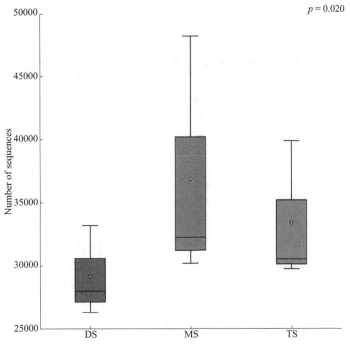

图 5-41　组间 Biosynthesis of other secondary metabolites 通路丰度差异图

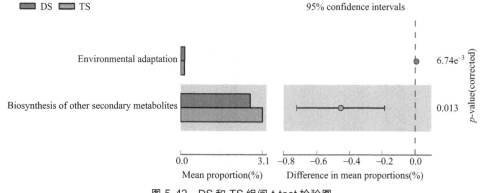

图 5-42 DS 和 TS 组间 *t*-test 检验图

5.5.3.3 导出图形

调整作图参数，点击"File">"Save plot">选择想要的格式>保存到合适的位置，即可输出图形（图 5-43）。

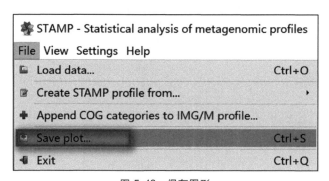

图 5-43 保存图形

5.5.4 注意事项

（1）当输入的丰度表文件和分组信息文件包含的样本不一致时，remain Unclassified reads 和 use only for calculating frequency profiles 方法会保留所有数据，而 remove Unclassified reads 仅保留分组信息文件包含的样本数据。分组信息文件的样本必须包含丰度表文件的样本，否则会报错，反之不会。

（2）STAMP 2.1.3 版本一次分析只能使用一个丰度数据文件，打开新的丰度数据文件或建立新项目需要重启软件。

（3）部分统计操作需要强行标准化数据，可能对分析结果产生影响。

第**6**章

微生物与环境因子关联分析

自然环境不断变化且十分复杂，不同环境中的微生物群落结构是不相同的。即使在同一环境中，微生物群落的物种组成也会随着外界环境的变化而变化。微生物与微环境之间具有复杂的互作关系，环境因子对微生物群落结构有决定性作用，微生物群落结构及多样性又对微环境的稳定具有重要调节作用。探究微生物群落与环境变量的关系一直是环境微生物领域的热门话题，其研究方法也在不断更新，有冗余分析、回归分析、相关分析、主成分分析、结构方程模型和可视化网络分析等。要实现微生物与环境因子互作关系的全面准确评价，任何单一的分析方法都无法完成。因为任何一种分析方法的核心算法模型较为单一，获得的理论结果可能与实际情况具有一定的差异。因此，使用多软件、多分析方法的结果进行综合分析，有利于获得更为真实的结果。本章重点介绍使用冗余分析、网络分析和随机森林模型分析三种方法探究案例中微生物与环境因子的关系。

6.1 环境因子分析

沿内蒙古草原自西向东依次是荒漠草原、典型草原和草甸草原，三类型草原间土壤理化指标不仅呈现出规律性变化，还具有显著差异。含水率、粗粉砂含量、细粘粒含量、总氮含量、有机碳含量和总磷含量增加，砂粒含量减少。pH 从碱性变为中性，在 DS 最高为 8.36；碳氮比则表现为 TS＞MS＞DS。从土壤机械组成来看，三种草原均表现为砂粒含量最高、粗粉砂含量次之、细粘粒含量最少，DS 砂粒含量最高而粗粉砂和细粘粒含量最低。单因素 ANOVA 分析结果显示（图 6-1），三种类型草原间 9 种理化特征均具有显著差异（$p<0.05$）。从两组间比较结果可以看出 DS 与 MS 在 9 个理化特征间均存在显著差异（$p<0.05$），DS 和 TS 仅有细

粘粒含量无明显差异；而 TS 和 MS 土壤含水率、细粘粒含量、总氮、碳氮比共 4 个理化特征具有显著差异（$p < 0.05$）。总的来说，砂粒含量与 pH 值变化趋势一致，粗粉砂含量、细粘粒含量与土壤含水率、有机碳含量、总氮含量、总磷含量具有相似的空间分布规律。

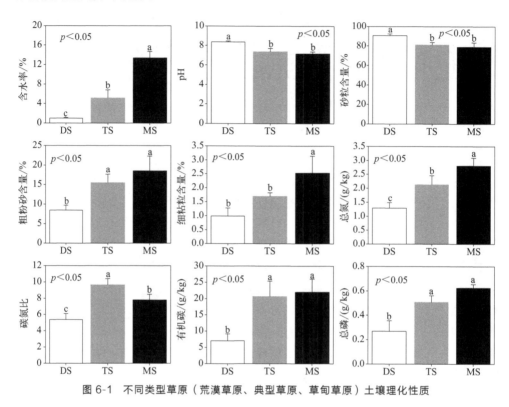

图 6-1　不同类型草原（荒漠草原、典型草原、草甸草原）土壤理化性质

6.2　冗余分析

冗余分析（redundancy analysis，RDA）是一种典型的约束排序方法，通过多元线性回归（multiple linear regression，MLR）将菌群结构数据与某（多）种环境因素互相拟合，并通过置换检验来判断给定因素对菌群结构是否产生显著影响。此外，还可以用排序的方法阐述群落生境中的某（多）个生态因子随样地生境的变化。由于冗余分析能快速分析解释变量与响应变量间的关系，已受到微生物生态学研究工作者的广泛关注。

在微生物生态学研究中，冗余分析被用来提取微生物群落结构、多样性及功能等方面的主要因素，考虑单因素或多因素对微生物的影响趋势与程度。本节使用细菌门水平相对丰度 TOP10 的物种数据和环境因子数据进行冗余分析，分析软件采用 Canoco 5.0。

6.2.1 分析原理

RDA 是环境因子约束化的 PCA，将环境因子和样本两者的关系直观地呈现在同一个二维排序图上。群落排序（community ordination）是指把一个地区内所调查的群落样地（物种）按照相似度（similarity）来排定位序。通过排序算法将多维空间压缩成低维空间，按其相似关系重新排列且尽量减少降维过程损失的信息。同时，用统计方法来检验排序轴到底是否能代表环境因子的梯度。

6.2.2 分析步骤

冗余分析可以基于所有样品的 OTU/ASV 作图，也可以基于样品中的优势物种作图。在分析时，需要提供环境因子的数据，比如 pH 值、温度值等。

6.2.2.1 准备数据

（1）环境变量数据保存为 env. xlsx 文件。第一列为样本名称，第一行为环境因子（名称），中间为理化数据矩阵，A1 单元格建议保持空白，保存格式见图 6-2。

	A	B	C	D	E	F	G	H	I	J
1		SMC	pH	砂粒	粗粉砂	细粘粒	TN	TC/TN	TOC	TP
2	DS-1	0.82	8.25	92.55	7.10	0.66	1.15	4.94	5.67	0.17
3	DS-2	1.06	8.47	89.40	9.51	1.09	1.20	4.96	5.94	0.32
4	DS-3	1.09	8.36	89.97	8.81	1.21	1.52	6.22	9.52	0.31
5	TS-1	3.34	7.74	83.80	13.66	1.73	1.78	8.78	15.46	0.48
6	TS-2	6.42	7.20	80.55	17.89	1.56	2.41	10.27	24.69	0.57
7	TS-3	5.8	7.17	79.06	14.83	1.81	2.22	9.89	21.95	0.47
8	MS-1	14.4	6.96	83.21	14.61	2.19	3.11	8.58	26.65	0.66
9	MS-2	11.87	7.09	79.07	18.76	2.17	2.54	7.64	19.45	0.61
10	MS-3	13.89	7.37	74.55	22.20	3.24	2.77	7.23	19.99	0.60

图 6-2 环境变量导入数据格式

💡知识拓展

① 如果物种数据和环境数据的差别较大，如数量级差别，推荐进行 $\lg(X+1)$ 转换，但是 pH 不需要 lg 转换。

② 通常情况下，样本数量≥环境变量+2。

（2）物种数据保存为 bac-10. xlsx 文件。第一列为样本名称，第一行为物种名称，中间为门水平 TOP10 优势物种丰度数据矩阵，A1 单元格建议保持空白，保存格式见图 6-3。

	Actinobact	Acidobact	Proteobact	Chloroflexi	Gemmatim	Others	Verrucomi	Bacteroido	Methylomi	Myxococc	Firmicutes
DS-1	7008	2323	4048	1838	1311	561	160	422	269	666	177
DS-2	8447	3495	2182	2102	1109	845	167	382	451	440	201
DS-3	8029	5721	2968	2999	1135	803	340	724	292	400	397
TS-1	7848	8577	2236	2416	811	739	748	429	227	314	146
TS-2	4948	4284	2508	1387	938	772	732	888	278	309	331
TS-3	6805	4880	2211	1698	725	830	539	395	214	136	233
MS-1	7418	3238	3214	1158	955	691	498	391	253	209	60
MS-2	6669	8074	2162	2323	811	639	560	197	430	199	241
MS-3	7140	8683	3747	2456	1030	1673	1783	693	1056	417	122

图 6-3 微生物物种导入数据格式

知识拓展

如何选取优势物种？获取门分类水平下相对丰度前 10 的微生物。首先，将所有研究样本中的同类微生物的（相对）丰度值相加，计算出所有样本中各类微生物的总丰度，然后对总丰度值进行降序排列，取丰度排名前 10 的微生物，其他全部合并为 Others 类别。

6.2.2.2　软件实操

（1）选择模型。典范对应分析（canonical correspondence analysis，CCA）与 RDA 都能反映环境因子、样品和菌群之间的相互关系，区别在于对应的数据模型不一样，CCA 基于单峰模型，而 RDA 基于线性模型。菌群随着某一环境因子的变化而呈线性变化称为线性响应（linear response），即线性模型。单峰模型表示菌群的个体数随着某个环境因子值的增加而增加。如果不确认自己的数据适合哪种模型，可以根据物种数据的除趋势对应分析（detrended correspondence analysis，DCA）结果中 Axis lengths 的第一轴的大小判断。如果第一轴大于 4.0，应选 CA、CCA 和 DCA（基于单峰模型）；如果在 3.0～4.0 之间，二者均可；如果小于 3.0，选用 PCA 和 RDA（基于线性模型）。非线性模型可以容纳线性模型，线性关系可以视为非线性模型的特例。CCA 一定程度上能够替代 RDA，但是 RDA 在短梯度（＜3）下更加精确。如果用 RDA 来分析非线性关系，准确度会大幅下降。

打开 Canoco5 软件，点击 "File" ＞ "Import project" ＞ "from Excel..."，弹出新对话框；点击 "Add files..."，选择准备好的物种数据 bac-10.xlsx，点击两次 "Next"，弹出新对话框，在 "Choose sheet with data" 中选中 bac-10.xlsx，点击 "Next"，弹出提示 "Each data table must be given unique name!"，点击 "OK"；默认选项，继续点击 "Next"，弹出新对话框；将 Labels Import 模块的

"sample names are"与"species names are"选项修改为"full（length unlimited）only"，确保输出图片能够显示完整的样本名称与物种名称。点击"Finish"，弹出"Introductory Analysis"对话框，点击"Yes"，在"Analysis Setup Wizard：Oridination Options"窗口中的"Unconstrained"选项中选择"DCA（CA）"，见图6-4。

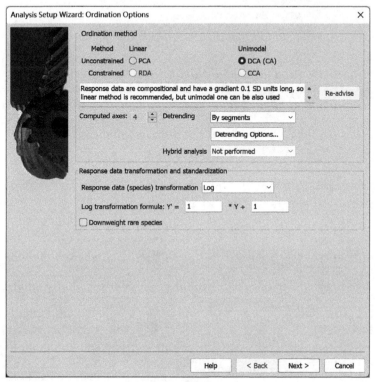

图6-4 选择分析方法

（2）点击默认选项，直至如图6-5所示。结果中Gradient length的第一轴的大小为0.12<3，之后的分析采用RDA分析。

（3）关闭当前页面，重新导入物种和环境因子数据，点击"File"＞"Import project"＞"from Excel..."，弹出新对话框；点击"Add files..."，选择物种数据bac-10.xlsx和环境数据env.xlsx。

（4）点击"Next"，弹出新对话框；将"Selected worksheets will define...project tables"中的数字改为2，点击"Next"，弹出新对话框。

（5）在"Choose sheet with data"中选中bac-10.xlsx，点击"Next"，弹出提示"Each data table must be given unique name!"，点击"OK"；默认选项，继续点击"Next"，弹出新对话框；将Labels Import模块的"sample names are"与

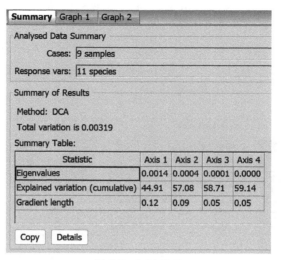

图 6-5　DCA 结果

"species names are"选项修改为"full（length unlimited）only"，确保输出图片能够显示完整的样本名称与物种名称（图 6-6）。点击"Next"，弹出新对话框。

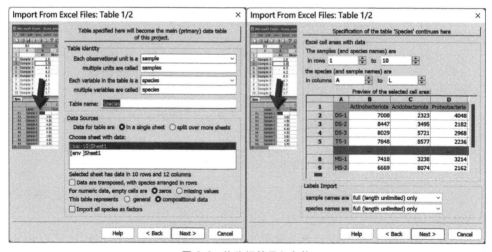

图 6-6　修改标签导入参数

（6）在"Choose sheet with data"中选中"［env］Sheet1"，点击"Next"，弹出提示框，选择"OK"，继续点击"Next"，弹出新对话框；将 Labels Import 模块的"sample names are"与"environmental variable names are"选项修改为"full（length unlimited）only"，确保输出的图片能够显示完整的样品名称与环境变量名称（图 6-7），点击"Finish"，弹出新对话框。

（7）选择"constrained ordination of species，with selection of environmental

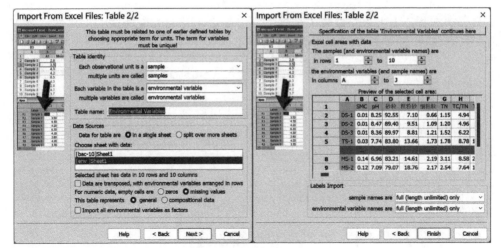

图 6-7 修改标签导入参数

variables"，点击"Yes"（图 6-8），弹出新对话框。

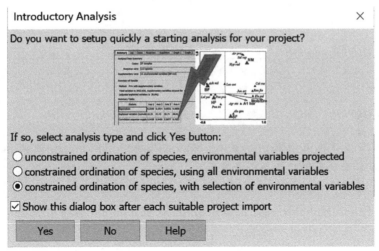

图 6-8 选择分析类型

（8）默认选项，点击"Next"，弹出新对话框；提示"Response data are composition and have a gradient 0.6 SD units long, so liner method is recommended, but unimodal one can be also used"，推荐使用线性模型，默认选项（RDA），点击"Next"，弹出新对话框。

（9）默认选项，点击"Next"，弹出新对话框；默认选项，点击"Finish"，弹出新对话框；点击"Yes"，弹出新对话框；点击"Yes"，出现新的对话框。

（10）连续点击"Include"按钮，直到弹出"No more variable to improve the

fit！"提示框，点击"OK"（图 6-9），弹出新对话框（连续点击"Include"按钮的时候，强烈建议点击之间停顿 1 秒以上，因为点击过快存在计算错误，使 p 值呈现"unkown"）。

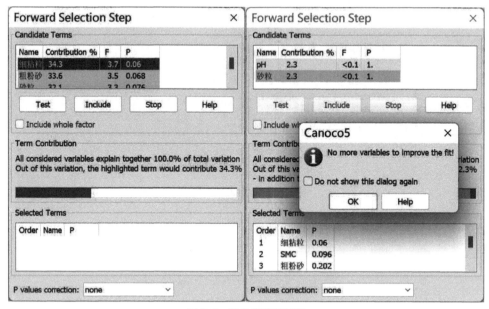

图 6-9　确定模型解释率

💡 知识拓展 ··

　　使用偏蒙特卡罗置换检验（partial Monte Carlo permutation test）来评估每个备选的环境变量对于解释物种变量的贡献，按照贡献从大到小依次挑选出用于冗余分析的环境变量，直到添加任何预测变量都不能够增加模型的解释率为止。同时，使用 FDR 估计、Holm 校正或 Bonferroni 更正等方法对偏蒙特卡罗置换检验的 p 值进行调整，防止 I 型错误膨胀。

··

　　（11）默认选项，点击"Next"，弹出新对话框；默认选项，点击"Next"，弹出新对话框；默认选项，点击"Next"，弹出新对话框；默认选项，点击"Finish"，弹出新对话框。

　　（12）由窗口展示可见，方法为 PCA，解释变量解释率为 100.0％。Forward Select Results 模块未显示环境变量砂粒（图 6-10），即在第（10）步选择预测变量过程中使用偏蒙特卡罗置换检验将其排除了，表明接下来的重分析不应该包含砂粒因子。点击"Details"按钮可以查看每个环境因子的解释量等详细信息，点击"Copy"按钮可以复制结果。

（13）根据前向选择的结果进行重分析。点击左下角的"New..."，弹出新对话框；默认选项，点击"Next"，弹出新对话框；选择"Constrained（species～environmental variables）"，点击"Finish"（图 6-11），弹出新对话框。

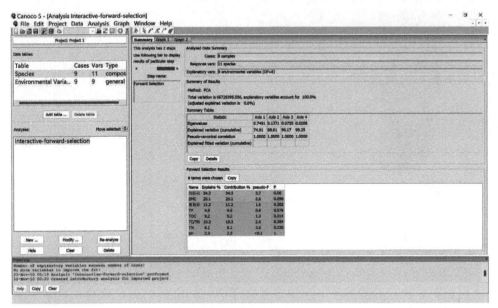

图 6-10　交互式前向选择结果

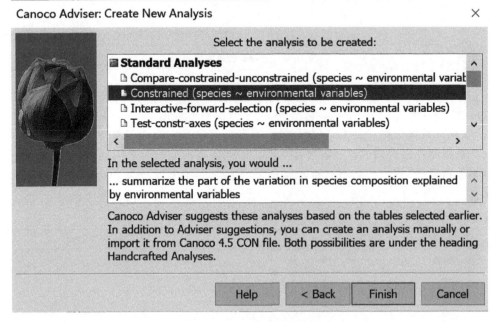

图 6-11　选择标准分析模式

（14）根据第（12）步提示，去除前向选择结果中没有显示的环境因子砂粒（图 6-12），点击"Next"，弹出新对话框。

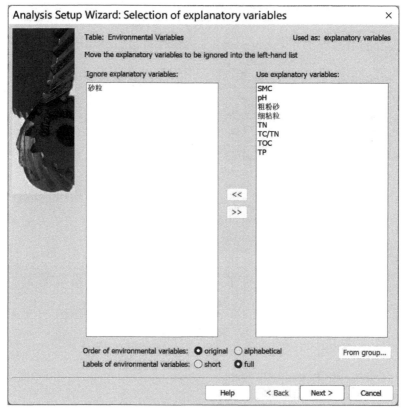

图 6-12　忽略砂粒环境因子

（15）默认选项，点击"Next"，弹出新对话框；选择"Summarize effects of expl. variables"（图 6-13），点击"Next"，弹出新对话框。

（16）默认选项，点击"Finish"，弹出新对话框；点击"Yes"，弹出新对话框；后续操作与之前的重分析步骤一致，即默认选项下点击"Next/Finish"，弹出结果窗口（图 6-14）；将窗口下部分的 Conditional Effects 提取出来，具体内容见表 6-1。

表 6-1　忽略砂粒重分析结果的限制条件

环境因子名称	解释率/%	pseudo-F	p
细粘粒	34.3	3.7	0.056
SMC	20.1	2.6	0.1
粗粉砂	11.2	1.6	0.198
TP	4.5	0.6	0.57

环境因子名称	解释率/%	pseudo-F	p
TOC	9.2	1.3	0.314
TC/TN	10.3	2.0	0.282
TN	8.1	3.6	0.25
pH	2.3	<0.1	

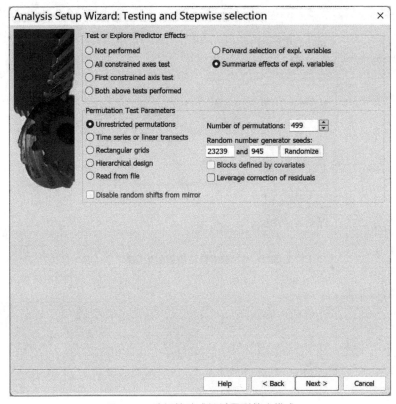

图 6-13 选择检验或探讨预测效应模式

（17）根据表 6-1 中的提示，去掉 pH（$F<0.1$）进行重分析，方法同上述重分析，只需要在选择环境变量时剔除砂粒与 pH。分析完成，结果窗口显示见图 6-15，方法为 RDA，解释变量解释度为 97.7%，将窗口中的 Summary of Result 与 Contidional Effects 模块内容提取出来，详细内容见表 6-2、表 6-3。

表 6-2 Summary 表

统计信息	Axis 1	Axis 2	Axis 3	Axis 4
特征值	0.7490	0.1349	0.0579	0.0208
累计可解释变异	74.90	88.39	94.19	96.27

统计信息	Axis 1	Axis 2	Axis 3	Axis 4
Pseudo-典型相关	1.0000	0.9940	0.8788	0.9998
累计解释的拟合变化	76.64	90.45	96.38	98.51

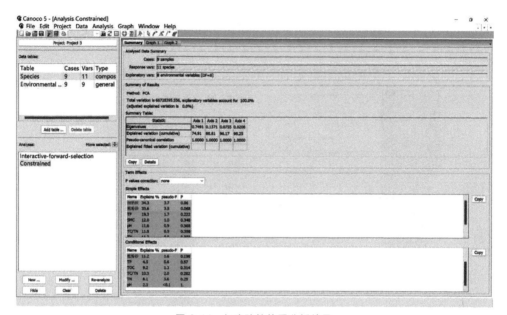

图 6-14　忽略砂粒的重分析结果

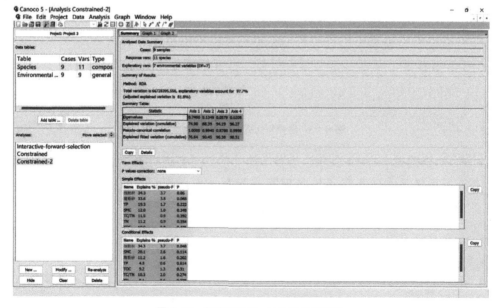

图 6-15　忽略砂粒与 pH 的重分析结果

表 6-3　忽略砂粒与 pH 重分析结果的限制条件

环境因子名称	解释率/%	pseudo-F	p
细粘粒	34.3	3.7	0.048
SMC	20.1	2.6	0.114
粗粉砂	11.2	1.6	0.202
TP	4.5	0.6	0.614
TOC	9.2	1.3	0.31
TC/TN	10.3	2.0	0.274
TN	8.1	3.6	0.228

根据优势门和 7 个环境因子的 RDA 结果，第一轴物种与环境因子相关性为 1.0000，第二轴物种与环境相关性为 0.9940，排序结果可靠。RDA1 和 RDA2 解释率分别为 74.90%、13.49%，两轴能解释 88.39% 的差异信息。细粘粒对细菌群落组成变异的解释率为 34.3%（$p < 0.05$），是影响三种类型草原细菌群落的主要环境因子。

（18）可在 Graph1 窗口查看物种与环境因子之间的关系（图 6-16），在 Graph2 查看样本与环境因子之间的关系；点击"Graph">"Triplots">"with environmental variables"，可以在新窗口 Graph3 同时查看物种、样本与环境因子之间的关系（图 6-17）。

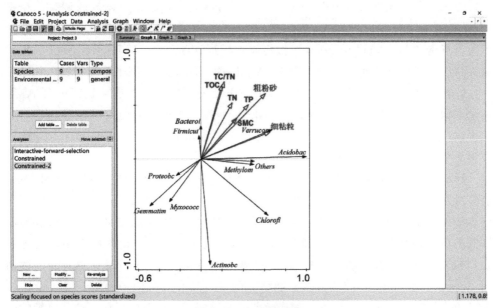

图 6-16　Graph1 窗口

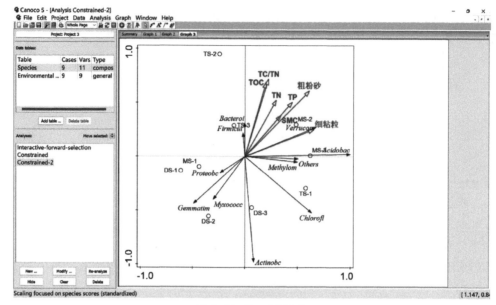

图 6-17　Graph3 窗口

6.2.3　导出图形

　　点击工具栏按钮"Attribute Editor"进行颜色、形状、字体等的调整；点击"Standard selection mode"按钮调整位置；点击"Add arrow to graph"按钮添加箭头；点击"Add label to graph"按钮添加标题；点击"Add line to graph"按钮添加直线。选中图像元素，右键选择"启用编辑和修改"选项来补充物种名称。

　　Canoco 5 可以输出 PNG、JPEG 和 TIFF 等格式图片，如果导出 PDF 和 AI 等矢量图像，可以方便后续美化编辑。点击"File" > "Export graph"，弹出新对话框可以导出 Adobe Illustrator 3 格式图像保存。导出后使用 Adobe Illustrator 软件添加必要信息，结果见图 6-18。

　　环境因子用红色箭头表示，物种用蓝色箭头表示，样本分组用彩色圆圈表示。箭头所处象限表示生态因子与排序轴的正负相关性，射线长度代表某个环境因子与群落物种分布的相关程度，射线延伸越长表明相关性越大，反之越小。射线和排序轴的夹角代表某个环境因子与排序轴（RDA1 或 RDA2）的相关性大小，夹角越小，相关性越高，反之越低。譬如，代表物种酸杆菌门（Acidobacteria）和疣微菌门（Verrucomicrobia）与环境因子细粘粒的射线具有处于同一象限、射线延伸长和夹角小的特点，表明酸杆菌门和疣微菌门两种门具有很强的正相关性，且细粘粒含量与这两个门的物种丰度具有很强的正相关性。结合前文分析，细粘粒含量从荒

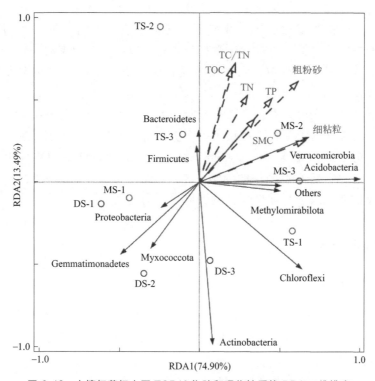

图 6-18　土壤细菌门水平 TOP10 物种和理化性质的 RDA 二维排序

漠草原、典型草原到草甸草原含量增加（图 6-1）。物种堆积柱状图（图 4-7）显示酸杆菌门在三种类型草原土壤中的丰度仅次于放线菌门，组间丰度发生了明显变化，在荒漠草原中含量最低。推测在一定范围内，酸杆菌门和疣微菌门的物种丰度随着细粘粒含量的增大而增大。酸杆菌门广泛存在于自然界，在许多生态系统中发挥重要作用，大多是嗜酸菌，是土壤菌群结构的一大重要类群。独立样本克鲁斯检验发现许多差异物种归属于酸杆菌门（图 4-28），说明草原类型的变化对该门类物种影响显著，从而对草原微生物群落结构产生重要影响。

6.3　网络分析

生态系统是一个具有较强自组织、自发展性质的复杂网络系统。生态网络不仅可以模拟物种之间相互作用关系，还可以描述生态系统中不同物质和能量流动的结构情况。网络分析（network analysis）是一个研究生态系统结构和其内部变化规律的有效工具，是简化复杂数据和提取有用信息的一种定量分析方式。通过计算数据特征值之间的相关系数，将变量之间的联系以网络图或其他形式的模型展现出来，用不同粗细程度的线和节点相连接来表示不同变量之间的显著性关系。构建网络图的数据可以是一个数据集，也可以是多个数据集。在众多物种与环境因子关联分析的方法中，网络图最受青睐的点线形式可以包含非常丰富的信息。

对于网络关系来说，主要包括有方向、无方向和混合型三种类型。网络图形为理解大数据集间的关联关系提供了一个直接有效的途径。目前，实现数据网络可视化的开源工具有很多，例如 Cytoscape、Gephi、NetMiner 和 Pajek 等。本节采用较受欢迎和容易上手操作的 Cytoscape 和 Gephi 两款工具进行网络分析，快速梳理和解析环境因子与微生物群落数据之间的关系。

6.3.1 分析原理

6.3.1.1 基本概念

网络主要有五类形式，分别是一维网络、二维网络、三维网络、定性网络和定量网络等。一维网络，顾名思义，就是只包含一个生态类群的物种间相互作用的网络；二维网络与一维不同的是包含了两个生态类群；三维网络则是包含了三个生态类群；除此之外还有定性网络和定量网络之分，前者只反映物种之间相互作用，后者则反映物种之间相互作用的强度。生物网络在形式上包括基因调控网络、新陈代谢网络、种间关系网络和群落互作网络等四种。

简单的网络图由节点和边组成，将复杂的数据关系呈现为网络关系，与网络图所关联的值可以被视为"属性"，将所分析的对象称为"节点（note）"，用点来表示；将各个属性联系起来的过程，称之为图的"修饰"，也就是将节点之间的连接（link）称为"边（link）"，用线来表示。

💡 知识拓展

节点：生态网络中的物种，也可叫做顶点（vertex）。

连接：用于展示物种之间的联系，也叫边。

度（degree）：某节点连接其他节点的个数。

路径（path）：从一个节点到达另一个节点所需要通过的所有节点数。

6.3.1.2 网络拓扑学特征

平均路径长度（average path length）：网络中任意两个节点之间距离的平均值，反映网络中各个节点间的分离程度。现实网络通常具有小的平均路径长度，也就是具有"小世界（small-world）"特性。

聚集系数（clustering coefficient）：分为局域聚集系数和全局聚集系数，是反映网络中节点紧密关系的参数，也称为传递性。整个网络的全局聚集系数 C 表征了整个网络的平均的"成簇性质"。

介数（betweenness）：节点 n 的介数是指网络所有最短路径中，经过节点 n 的路径所占的比例。网络中不相邻的节点 i 和 j 之间的通讯主要依赖于连接节点 i 和 j 的最短路径。如果一个节点被许多最短路径经过，则表明该节点在网络中很重要。介数反映了某节点在通过网络进行信息传输中的重要性。

连接性（connectance）：网络中节点之间实际发生的相互作用数（连接数）之和占总的潜在相互作用数的比例，可以反映网络的复杂程度。

模块性（modularity）：网络可以被分成不同模块（module）或组分（component）的程度，物种在模块内部的连接相对紧密，而与模块外的物种连接相对松散。

💡 知识拓展 ···

度中心性（degree centrality）：与一个节点直接相连的节点的个数。某个节点的度数越高，表明其度中心性越高。假如在一个社交网络中，节点代表的是人，边代表的是好友关系，那么一个节点的度中心性越大，就说明这个人的好友越多。这样的人可能是比较有名望的人物，如果需要散布一些消息的话，这样的人最适合，因为他的一条状态可以被很多的人看到。

紧密中心性（closeness centrality）：衡量该节点到图中其他节点的最短距离总和的大小，计算公式为最短距离之和取倒数，这个定义更接近于中心度的概念，可以反映该节点处于图中心位置的程度。因为到其他节点的平均最短距离最小，意味着这个节点从几何角度看是位于图的中心位置。紧密中心性的值在 0 到 1 之间，紧密中心性越大则说明这个节点到其他所有的节点的距离越近，越小说明越远。在一些定义中不取倒数，而是该节点到其他节点的最短距离加和，这样定义的话，紧密中心性越小说明该点到其他点的距离越近。紧密中心性刻画了一个节点到其他所有节点的性质，如在社交网络中，一个人的紧密中心性越大说明这个人能快速地联系到所有的人，可能自己认识的不多，但是有很知名的朋友，可以通过他们快速地找到其他人。

介数中心性（betweenness centrality）：是通过节点介数评估中心性的参数，衡量的是某个节点在多大程度上"介于"（between）其他节点之间。该中心性认为节点的重要性与其在网络路径中的位置有关。一个节点充当"中介"的次数越高，它的介数中心性就越大。一个点位于网络中多少个两两联通节点的最短路径上，就好像"咽喉要道"一样，如果联通两个节点 A 和 B 的最短路径一定经过点

C，那么 C 的中介中心性就加一，如果说 A 和 B 最短路径有很多，其中有的最短路径不经过 C，那么 C 的中介中心性不增加。中介中心性刻画了一个节点掌握的资源多少，如在社交网络中，一个人的中介中心性越大说明这个人掌握了更多的资源而且不可替代，就像房屋中介，一边是买房的人一边是卖房的人，买卖双方要想联系就要经过中介。

6.3.2 Cytoscape

Cytoscape 是一个开源软件，用于可视化分子相互作用网络和生物信号通路。其基于 Java 开发、跨平台，现在已成为复杂网络分析和可视化的通用平台。Cytoscape 核心发布版本提供了一组用于数据集成、分析和可视化的基本功能，重要的是 Cytoscape 有很多成熟插件可用。

进入 Cytoscape 官网下载界面，点击 Download 3.9.0。根据自己的电脑配置进行选择下载，示例选择 64bit 版本，安装过程推荐保持选项默认。

注意：Cytoscape 的安装需要有 Java 的环境。如果电脑事先没有安装 Java 环境，在安装 Cytoscape 过程中会提醒安装，选择 "accept" 即可。

6.3.2.1 数据处理

（1）计算门水平物种平均占比。打开绘制堆积柱状图所用的数据文件 level-2. xlsx，新建工作表并重命名为 "Cytoscape"。复制 level-2 工作表数据内容，转置粘贴到 Cytoscape 工作表，注意将最下方四行信息删除。依次对 A 列以分隔符 ";" 分列，保留门水平列，合并 Unclassified，删除 A 列门名称的 "p_"，并在 K 列对 9 个样品加和数据进行排序；然后，在 K38 单元格使用公式 "＝SUM（K2：K37）" 计算九个样本总量；在 L2 单元格使用公式 "Kn/＄K＄38"（其中 n 为行）计算不同菌门的在九个样本的平均占比（图 6-19）。

（2）筛选门水平优势物种。一般认为平均相对丰度大于 1% 的菌门属于优势菌门，由图 6-19 可以看出 2~10 行是优势菌门，所以将 11~37 行合并为 Others。合并后将 K 列与 L 列数据删除，对数据进行转置粘贴，并对转置数据的 A 列样本名称进行升序排序，最终结果见图 6-20。

（3）合并物种信息与理化数据。查看存放在理化.xlsx 工作簿下的理化工作表中理化数据；首先，将 B 列的数据格式修改成 "数字"，并保留 4 位小数；将理化数据 B~J 列，1~10 行对应粘贴到 level-2. xlsx 的 Cytoscape 工作表 L 列后面，注意一定要与 A 列样本名称对应；删除 A 列（样本名称列），微生物物种信息已经和理化数据对应好（图 6-21），则可以进行相关性分析了。

图 6-19 计算各门水平物种平均占比

	sample3	sample4	sample5	sample6	sample7	sample8	sample9	all	
1	sample3	sample4	sample5	sample6	sample7	sample8	sample9	all	
2	8029	7848	4948	6805	7418	6669	7140	64312	0.334725
3	5721	8577	4284	4880	3238	8074	8683	49275	0.256462
4	2968	2236	2508	2211	3214	2162	3747	25276	0.131554
5	2999	2416	1387	1698	1158	2323	2456	18377	0.095647
6	1135	811	938	725	955	811	1030	8825	0.045931
7	340	748	732	539	498	560	1783	5527	0.028766
8	724	429	888	395	391	197	693	4521	0.02353
9	292	227	278	214	253	430	1056	3470	0.01806
10	400	314	309	136	209	199	417	3090	0.016083
11	397	146	331	233	60	241	122	1908	0.009931
12	56	176	173	309	102	96	472	1647	0.008572
13	59	58	167	90	173	153	274	1193	0.006209
14	257	184	118	102	68	28	123	1033	0.005376
15	47	77	110	103	140	169	100	1006	0.005236
16	83	50	147	91	22	38	65	673	0.003503
17	132	78	17	50	3	35	64	472	0.002457
18	12	18	3	7	34	23	198	331	0.001723
19	26	0	0	8	43	15	57	206	0.001072
20	0	3	0	0	4	33	121	167	0.000869
21	0	9	0	7	33	21	52	122	0.000635
22	0	0	0	0	31	0	59	115	0.000599
23	0	6	30	0	22	0	0	105	0.000546
24	71	0	0	0	0	0	0	77	0.000401
25	0	20	0	20	0	0	15	69	0.000359
26	9	11	0	0	14	6	11	61	0.000317
27	8	19	0	0	0	0	13	56	0.000291
28	10	15	0	8	0	8	8	54	0.000281
29	6	2	0	29	0	9	0	49	0.000255
30	0	0	3	0	0	0	23	26	0.000135
31	13	10	2	0	0	0	0	25	0.00013
32	0	0	0	0	0	2	12	18	9.37E-05
33	0	3	2	6	0	3	0	14	7.29E-05

… | 堆积柱状图 | 堆积柱状图 (1) | Cytoscape

图 6-20 微生物门水平优势物种数据

	index	Actinobact	Acidobact	Proteobact	Chloroflexi	Gemmatim	Verrucomi	Bacteroido	Methylomi	Myxococc	Others
1	index	Actinobact	Acidobact	Proteobact	Chloroflexi	Gemmatim	Verrucomi	Bacteroido	Methylomi	Myxococc	Others
2	sample1	7008	2323	4048	1838	1311	160	422	269	666	738
3	sample2	8447	3495	2182	2102	1109	167	382	451	440	1046
4	sample3	8029	5721	2968	2999	1135	340	724	292	400	1200
5	sample4	7848	8577	2236	2416	811	748	429	227	314	885
6	sample5	4948	4284	2508	1387	938	732	888	278	309	1103
7	sample6	6805	4880	2211	1698	725	539	395	214	136	1063
8	sample7	7418	3238	3214	1158	955	498	391	253	209	751
9	sample8	6669	8074	2162	2323	811	560	197	430	199	880
10	sample9	7140	8683	3747	2456	1030	1783	693	1056	417	1795
11											

图 6-20 微生物门水平优势物种数据

▲	A	B	C	D	E	F	G	H	I	J	K	L	M	N	O	P	Q	R	S
1	Actinobact	Acidobacti	Proteobac	Chloroflexi	Gemmatin	Verrucomi	Bacteroido	Methylomi	Myxococci	Others	SMC	pH	砂粒	粗粉砂	细粘粒	TN	TC/TN	TOC	TP
2	7008	2323	4048	1838	1311	160	422	269	666	738	0.0082	8.25	92.55	7.10	0.66	1.15	4.94	5.67	0.17
3	8447	3495	2182	2102	1109	167	382	451	440	1046	0.0106	8.47	89.40	9.51	1.09	1.20	4.96	5.94	0.32
4	8029	5721	2968	2999	1135	340	724	292	400	1203	0.0109	8.36	89.97	8.81	1.21	1.52	6.22	9.52	0.31
5	7848	8577	2236	2416	811	748	429	227	314	885	0.0334	7.74	83.80	13.66	1.73	1.79	8.78	15.46	0.48
6	4948	4284	2508	1387	938	732	888	278	309	1103	0.0642	7.20	80.55	17.89	1.56	2.41	10.27	24.69	0.57
7	6805	4880	2211	1698	725	539	395	214	136	1063	0.0580	7.17	79.06	14.83	1.81	2.22	9.89	21.95	0.47
8	7418	3238	3214	1158	955	498	391	253	209	751	0.1440	6.96	83.21	14.61	2.19	3.11	8.58	26.65	0.66
9	6669	8074	2162	2323	811	560	197	430	199	880	0.1187	7.09	79.07	18.76	2.17	2.54	7.64	19.45	0.61
10	7140	8683	3747	2456	1030	1783	693	1056	417	1795	0.1389	7.37	74.55	22.20	3.24	2.77	7.23	19.99	0.60
11																			

图 6-21　物种信息与理化数据整合结果

（4）SPSS 分析相关性。打开 SPSS26，选择"文件"＞"打开"＞"数据"；弹出对话框，文件类型选择"Excel"，文件名选择"level-2.xlsx"，点击打开；选择工作表 Cytoscape，点击"确定"导入完成；全选数据，选择"分析"＞"相关"＞"双变量"；将所有变量全部放入变量框，相关系数选择"斯皮尔曼"，显著性检验选择"双尾"，点击"确定"；结果如图 6-22 所示，双击可激活输出的"相关性表格"。

图 6-22　微生物物种与理化变量相关性结果

（5）整合相关性结果。将微生物门水平的物种数据与理化指标数据的相关系数整合到 Excel 中，一对一复制粘贴即可，手动补充 SPSS 中不体现的小数点前的"0"。整理结果至微生物物种与理化指标相关性.xlsx 的"相关性"工作表；仅保留具有显著性标记"＊"和"＊＊"的数据对，按对应关系调整成三列，A 列为理化指标数据，B 列为微生物门水平物种数据，C 列为同行 A-B 列的相关系数，保存文件（图 6-23）。

	A	B	C
1	node1	node2	correlation
2	pH	Myxococcota	0.817
3	砂粒	Gemmatimonadota	0.678
4	砂粒	Verrucomicrobiota	-0.75
5	粗粉砂	Verrucomicrobiota	0.8
6	细粘粒	Verrucomicrobiota	0.7
7	TC/TN	Gemmatimonadota	-0.837
8	TC/TN	Myxococcota	-0.783
9	TOC	Myxococcota	-0.733
10			

图 6-23 微生物物种与理化指标相关性数据

6.3.2.2 作图流程

（1）导入数据。打开 Cytoscape 软件，进入界面。选择"File" > "Import" > "Network from file"；弹出文件加载框，选择微生物物种与理化指标相关性 .xlsx，点击"打开"。将 node1（环境因子）设置为"source node"，将 node2（细菌门水平注释结果）设置为"target node"，correlation（环境因子和微生物的 Sperman 相关系数）设置为"edge attribute"，选择"OK"即完成数据导入（图 6-24）。

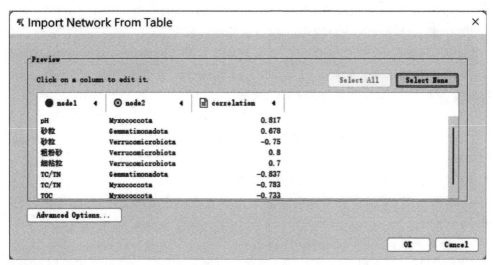

图 6-24 参数修改

（2）美化图形。得到初始网络图之后，点击左侧菜单栏的"style"对网络图进行美化；点击"fill color"，根据"name"和"discrete mapping"对环境因子和微生物进行区分，也可选择其他的填色方法。选择"shape"还可以设置不同 node 的形状，选择形状"Ellipse"。调整"Transparency"和"Width"可以调整 node 长宽比，选择"lock node width and height"可以将 node 形状设置成正圆或正方形等。修改"Style">"Node">"Size"的值大小为 35，并勾选"Lock node width and height"（图 6-25）；在 style-node 界面还可以设置很多参数，如字体、文字大小等。点击左上方的 Properties 即可展示全部的可设置的参数。

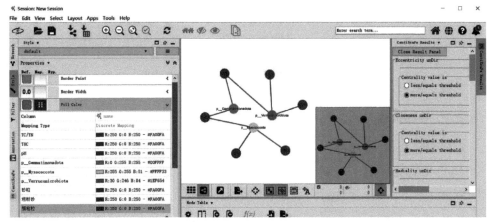

图 6-25　美化参考示意图

（3）计算权重。使用 CentiScaPe 2.2 插件计算每个点的权重，即连线数多少。选择"Apps">"App manager"进入应用管理界面，找到并选中 CentiScaPe 2.2，点击"Install"进行安装；CentiScaPe 2.2 安装完成，按住 control 键，拖动鼠标全选显示框中所有 node。选择"Apps">"CentiScaPe 2.2"。Implemented centralities 框选择"Select All"，此外，选择"for Undirected Networks"。点击"Start"计算，如果弹出提示框，点击"Start computation"继续。

（4）计算完权重后，点击"Style">"Edge">"Width"，Column 设置成"correlation"，即可让连线的大小随权重而变化。双击"Current Mapping"可以对线条粗细分布进行调整；点击 stroke color（unselected）可以将节点之间的连线设置成不同颜色。将参数设置范围为－1.0000～1.0000，中间值在0.0000 处（图 6-26），即可将负相关关系设置成蓝色，将正相关设置成红色，便于区分。

（5）图形设置完成后，选择"Layout">"…"来选择合适的分布类型。点击不同的设置选项，即可出现不同的分布。如果想要更多的分布方式，则可点击"Apps">"App Manger"安装 yfiles layout algorithms 插件。此外，还可以在"style">"Node"调整标签尺寸以及根据 CentiScaPe 2.2 的计算结果（度）来调整 Node 的大小。

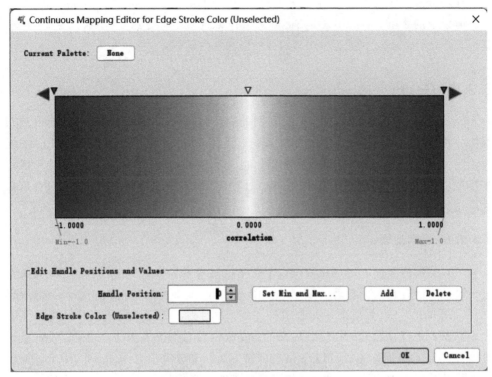

图 6-26　根据相关性设置连线颜色

（6）在导出图形之前，点击 以保证所有数据都在视图之内，点击"file"＞"export"＞"Network to Image..."导出图片；点击 导出图例信息；根据自己需求调整，结果如图 6-27 所示。

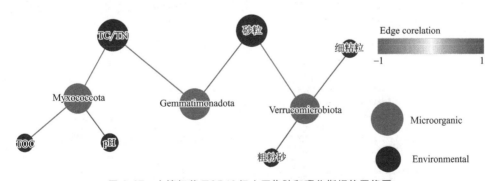

图 6-27　土壤细菌 TOP10 门水平物种和理化指标的网络图

图 6-27 中绿色节点代表环境因子，红色节点代表物种，节点大小代表权重（连线多少）。连线代表具有相关性，蓝色代表负相关，红色代表正相关，颜色深浅与线

条粗细表明相关性大小。由图 6-27 可知，物种 Myxococcota 和 Verrucomicrobia 受多种环境因子的影响，Gemmatimonadota 和 Myxococcota 均受到 TC/TN 含量的影响，其中 Verrucomicrobia 仅受土壤机械组成的影响最为显著。

6.3.3 Gephi

Gephi 是一款可以完成动态和分层图的交互可视化以及探测开源等功能的复杂网络分析软件，可以用于各种网络和系统，支持 Windows、Mac OS X 和 Linux 操作系统。与 Cytoscape 大体上非常相似，也是基于 Java、跨平台，同样支持用插件来扩展功能。登录官网，点击 "Download FREE" 下载安装 Gephi。安装过程可保持默认选项，也可以根据情况修改路径。

6.3.3.1 数据处理

（1）点数据文件。对理化数据以及微生物属水平物种数据进行斯皮尔曼相关性分析，挑出所有相关性显著的数据对（图 6-28），做成点数据（图 6-29）与线数据文件（图 6-30）。点数据第一列必须是 "id" 为列头，是用于构建网络结构图点的唯一标识，是所有数据的指标；后面的列是根据自己情况添加的，这里添加的是标签列 lable（点数据标签，可以与 id 列保持一致）和分类信息列 class（用于区分微生物物种数据与理化因子数据）；编辑好的点数据文件需要另存为 .csv 文件才可以导入，注意后续步骤要将所有理化因子改为英文格式，大小写格式统一，否则软件不识别，会出现乱码情况。

source	target	weight	PN
SMC	Rubrobacter	0.7	N
SMC	KD4-96	0.733	P
SMC	IMCC26256	0.867	N
SMC	Subgroup_7	0.833	P
SMC	Gaiella	0.667	P
SMC	TK10	0.867	N
PH	KD4-96	0.667	N
PH	IMCC26256	0.7	P
PH	Subgroup_7	0.733	N
PH	TK10	0.833	P
Sand	Candidatus_Udaeobacter	0.733	P
Sand	0319-7L14	0.667	P
Sand	KD4-96	0.867	N
Sand	IMCC26256	0.817	P
Sand	Subgroup_7	0.85	N
Sand	TK10	0.767	P
Silt	Unclassified	0.667	N
Silt	Candidatus_Udaeobacter	0.733	P
Silt	KD4-96	0.85	P

图 6-28 相关性数据

（2）线（边）数据文件。线数据第一列与第二列必须分别以 "source" 与

id	lable	class
SMC	SMC	environmental factor
PH	PH	environmental factor
Sand	Sand	environmental factor
Silt	Silt	environmental factor
Cosmid	Cosmid	environmental factor
TN	TN	environmental factor
TC/TN	TC/TN	environmental factor
TOC	TOC	environmental factor
TP	TP	environmental factor
0319-7L14	0319-7L14	microbe
Candidatus_Udaeobacter	Candidatus_Udaeobacter	microbe
Gaiella	Gaiella	microbe
IMCC26256	IMCC26256	microbe
KD4-96	KD4-96	microbe
Rubrobacter	Rubrobacter	microbe
Subgroup_7	Subgroup_7	microbe
TK10	TK10	microbe
Unclassified	Unclassified	microbe
Uncultured	Uncultured	microbe

图 6-29　点数据文件示意

"target" 为列头，其中第一列是理化数据指标，第二列是与第一列理化指标有显著相关性的微生物物种数据，第三列及后面的列不是必须的，这里添加第三列 weight 列，是前两列数据对应的相关性系数，第四列 PN 列是相关性正负符号（图 6-30）；编辑好的线数据文件也需要另存为 .csv 文件才可以导入。

source	target	weight	PN
SMC	Rubrobacter	0.7	N
SMC	KD4-96	0.733	P
SMC	IMCC26256	0.867	N
SMC	Subgroup_7	0.833	P
SMC	Gaiella	0.667	P
SMC	TK10	0.867	N
PH	KD4-96	0.667	N
PH	IMCC26256	0.7	P
PH	Subgroup_7	0.733	N
PH	TK10	0.833	P
Sand	Candidatus_Udaeobacter	0.733	N
Sand	0319-7L14	0.667	P
Sand	KD4-96	0.867	N
Sand	IMCC26256	0.817	P
Sand	Subgroup_7	0.85	N
Sand	TK10	0.767	P
Silt	Unclassified	0.667	N
Silt	Candidatus_Udaeobacter	0.733	P
Silt	KD4-96	0.85	P
Silt	IMCC26256	0.833	N

图 6-30　线数据文件示意

N 为负号；P 为正号

6.3.3.2　作图流程

（1）导入数据。打开 Gephi，选择"文件"＞"打开"，弹出文件导入对话框，选择文件点 .csv 和线 .csv，点击"打开"；弹出导入向导对话框，先导入的是点数据，查看"预览"判断导入是否正常，点击"下一步"；保持默认，即导入所有数据列，点击"下一步"；查看"预览"判断线数据导入是否正常，点击"下一步"；保持默认，点击"完成"。

（2）查看"输入包括"是否有问题；图的类型选择"混合的"，勾选"Append to existing workplace"，点击"确定"；导入的初始图形如图 6-31 所示。

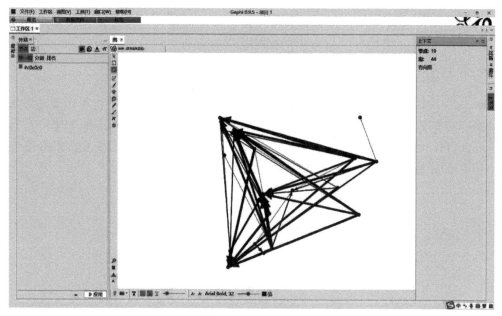

图 6-31　初始图形

（3）美化图形。选择"概览"＞"外观"＞"布局"＞"Fruchterman Rein-gold"，点击"运行"将微生物物种数据与理化指标布局成圆环状，布局成功后需要点击"停止"结束计算。选择"概览"＞"外观"＞"节点"＞"大小"＞"排名"＞"度"，修改最小尺寸与最大尺寸，这里分别是 30、70，点击"应用"将微生物物种数据与理化指标区分开（图 6-32）。

（4）计算参数统计量。选择"窗口"＞"统计"，界面右侧出现参数统计工作框，依次统计所有参数统计量，出现对话框，都选择"无向"，点击"确定"计算（图 6-33），计算结束关闭对话框即可。

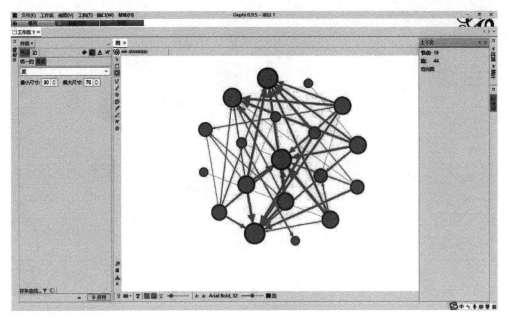

图 6-32　初步图形

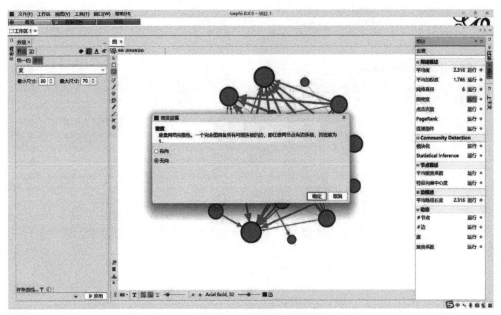

图 6-33　连通分量设置

（5）点击"显示标签"，Label 标签未出现（图 6-34）。

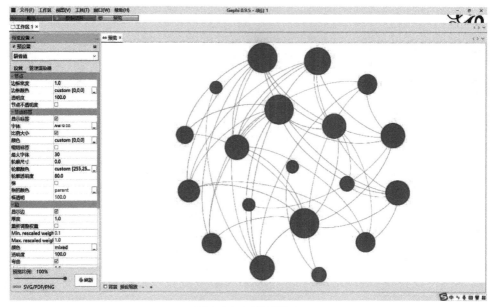

图 6-34　无标签图形

(6) 第一种添加标签的方法。查看“数据资料”界面，第二列“Label 列”无数据（图 6-35）；选择页面下方“复制数据到其他列”>“label”，即选中需要被复制的列；在弹出对话框选择 Label 列，点击“好”完成复制；查看“数据资料”页面，可以看见 Label 列已经填充了原来的 label 列数据了。如果在编写点数

Id	Label	Interv...	lable	class	连入度	连出度	度	加权...	加权...	加权度	Eccentri...	Closeness Cent...	Harmonic Closeness Ce...	Betweenness Cent...	Autho...	Hub	PageR...	Componen...	Modularity C...
SMC	SMC		SMC	envir...	0	6	6	0.0	4.667	4.667	5.0	0.473684	0.608333	7.285041	0.262...	0.283...	0.0607...	0	0
pH	pH		pH	envir...	0	4	4	0.0	2.933	2.933	5.0	0.428571	0.534259	0.946429	0.210...	0.226...	0.0421...	0	2
Sand	Sand		Sand	envir...	0	6	6	0.0	4.701	4.701	3.0	0.529412	0.62963	26.583791	0.23903	0.258...	0.0683...	0	1
Silt	Silt		Silt	envir...	0	6	6	0.0	4.733	4.733	3.0	0.529412	0.62963	26.583791	0.23903	0.258...	0.0683...	0	1
Cosm...	Cosm...		Cosm...	envir...	0	7	7	0.0	5.484	5.484	3.0	0.5625	0.666667	23.553302	0.284...	0.307...	0.0720...	0	0
TN	TN		TN	envir...	0	6	6	0.0	4.667	4.667	5.0	0.473684	0.608333	7.285041	0.262...	0.283...	0.0607...	0	2
TC/TN	TC/TN		TC/TN	envir...	0	2	2	0.0	1.417	1.417	4.0	0.346154	0.412037	17.0	0.022...	0.024...	0.0405...	0	1
TOC	TOC		TOC	envir...	0	3	3	0.0	2.401	2.401	5.0	0.409091	0.497222	0.375	0.160...	0.173...	0.03351	0	2
TP	TP		TP	envir...	0	5	5	0.0	3.733	3.733	5.0	0.45	0.571296	3.387605	0.239...	0.259...	0.0511...	0	0
0319-...	0319-...		0319-...	micro...	1	0	1	0.667	0.0	0.667	4.0	0.352941	0.398148	0.0	0.043...	0.040...	0.0175...	0	1
Candi...	Candi...		Candi...	micro...	4	0	4	2.8	0.0	2.8	3.0	0.486486	0.564815	34.142986	0.142...	0.132...	0.0532...	0	1
Galella	Galella		Galella	micro...	3	0	3	2.134	0.0	2.134	4.0	0.4	0.486111	0.928571	0.147...	0.136...	0.0338...	0	0
IMCC...	IMCC...		IMCC...	micro...	8	0	8	6.484	0.0	6.484	4.0	0.580645	0.699074	17.992275	0.344...	0.319...	0.0804...	0	2
KD4-96	KD4-96		KD4-96	micro...	7	0	7	5.434	0.0	5.434	4.0	0.545455	0.662037	12.992275	0.315...	0.292...	0.07093	0	0
Rubro...	Rubro...		Rubro...	micro...	4	0	4	2.8	0.0	2.8	4.0	0.418605	0.523148	1.959341	0.190...	0.176...	0.0425...	0	0
Subgr...	Subgr...		Subgr...	micro...	8	0	8	6.466	0.0	6.466	4.0	0.580645	0.699074	17.992275	0.344...	0.319...	0.0804...	0	1
TK10	TK10		TK10	micro...	8	0	8	6.534	0.0	6.534	4.0	0.580645	0.699074	17.992275	0.344...	0.319...	0.0804...	0	2
Uncla...	Uncla...		Uncla...	micro...	1	0	1	0.667	0.0	0.667	4.0	0.352941	0.398148	0.0	0.043...	0.040...	0.0175...	0	1
Uncul...	Uncul...		Uncul...	micro...	1	0	1	0.75	0.0	0.75	5.0	0.26087	0.305556	0.0	0.00415	0.003...	0.02515	0	1

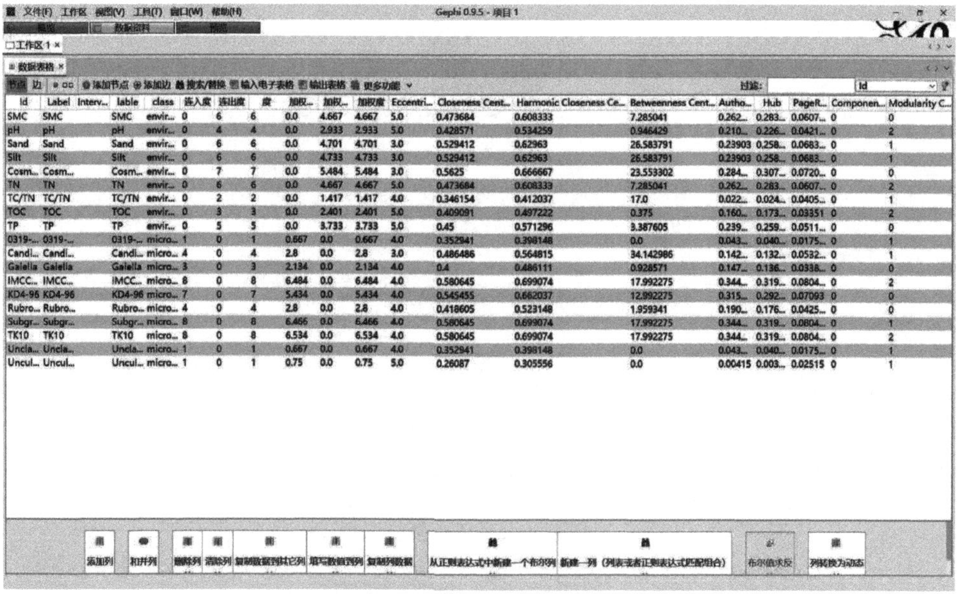

图 6-35　“Label 列”数据

文件，label 列的列头改写成"Label"，就可以不用修改。返回"预览"界面，点击"刷新"出现标签。选择"预览"＞"设置"＞"厚度"修改为 4.0，"颜色"选择"原始的"，点击"确认"，再点击"刷新"进行设置更新；结果如图 6-36所示。

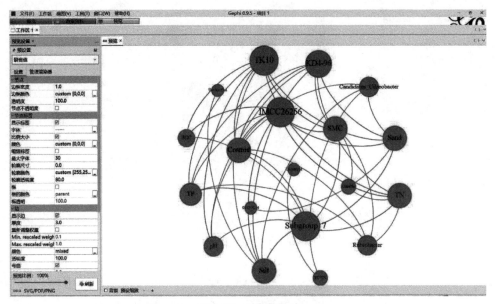

图 6-36　有标签图形

（7）第二种添加标签的方法。选择"概览"＞"外观"＞"节点"＞"分割"＞"lable"，设置成节点颜色随着节点 lable 改变，点击"应用"。点击"概览"＞"外观"＞"节点"＞"分割"＞"调色板"＞"生成"，输入复制的数量"19"，这个可以根据 Id 的个数进行设置分配。生成调色板后，选择目标调色板，点击"应用"；点击"概览"图正下方菜单栏最后一个图标"属性"，打开"重设文本设定"，"节点"属性选择"lable"，"边"属性选择"Weight"，点击"确定"。点击菜单栏中第三个图标"显示节点标签"，回到"预览"界面，选择"显示标签"，选择"设置"＞"边"＞"颜色"＞"原始的"，点击"确认"；点击"刷新"，输出结果（图 6-37）。如果边的粗度相似，则调整"预览"＞"设置"＞"边"＞"Min. rescaled weight"和"Max. rescaled weight"。

（8）将图形完全展示在预览框中，点击界面左下方"SVG/PDF/PNG"按钮，弹出文件输出框，选择合适的图片格式进行输出。

图 6-38 中圆圈的大小代表相关的连线的多少，理化因子的圆圈越大说明相关的物种越多。线条的粗细表示边权重的大小，红色的线代表相关性为负，绿色的线代表相关性为正。从图 6-38 可以看出理化因子 Cosmid 对物种的影响最大。

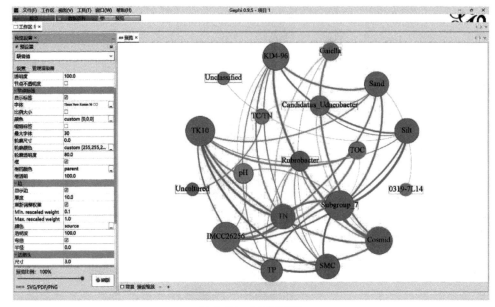

图 6-37　有标签图形

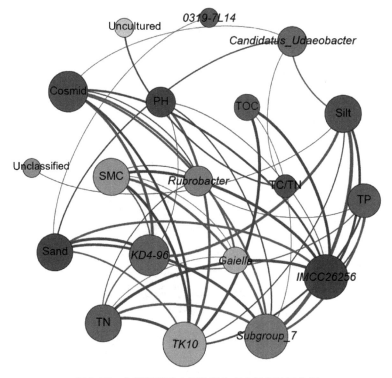

图 6-38　土壤细菌属水平物种和理化指标的网络图

6.4 随机森林模型分析

随机森林是一种具有多种功能的机器学习算法,同时也是一种有效的预测工具,不仅可以在处理大量特征的基础上解决数据分类与回归的问题,还有助于估计哪些特征在构建模型的过程中占据重要地位。分类任务是对离散值进行预测,回归任务是对连续值进行预测。本节应用随机森林算法对案例环境因子和 ASV 特征表数据进行分析。

6.4.1 分析原理

随机森林是通过集成学习的思想将多棵树集成的一种算法,基本单元是决策树,本质属于机器学习的一大分支——集成学习(ensemble learning)。随机森林的名称中有两个关键词,一个是"随机",另一个就是"森林"。"森林"可以理解为是由成百上千棵决策树组成的,这也是随机森林的主要思想——集成思想的体现。而"随机"主要体现在特征选择上,在随机森林模型构建中,引导聚集算法(Bagging 算法)与随机特征选择一起使用,每个新的训练集都是从原始训练集中抽取并替换的,然后使用随机特征选择在新的训练集上生成一棵不经过修剪的树。

树的构建包括两个部分,即样本和特征。对于一个总体训练集 T,T 中共有 N 个样本,每次有放回地随机选择 N 个样本来训练一个决策树(因为有放回,所以虽然是 N 但是不会涵盖所有样本)。假设训练集的特征个数为 d,每次仅选择 k($k<d$)个特征构建决策树。

随机森林应用较多的是 Bagging 算法,从原始训练集 T 中使用算法随机有放回地选出 N 个样本,组成新的训练集,用来训练一个决策树,作为树根节点处的样本。对于一个决策树模型,假设训练样本特征的个数为 M,在决策树的每个节点需要分裂时,随机从这 M 个属性中选取出 m 个属性,满足条件 $m \ll M$。从这 m 个属性中采用某种策略来选择 1 个属性作为该节点的分裂属性。按着这样的流程一直分裂下去,直到节点的所有训练样本都属于同一类别为止,分裂过程中不需要剪枝;重复上述过程,生成的多棵决策树组成随机森林。对于分类问题,最终由多棵树分类器投票决定最终分类结果;而对于回归问题,由多棵树预测值的均值决定最终预测结果。使用 Bagging 有两个原因,首先是当使用随机特征时,Bagging 的使用似乎可以提高准确性;其次,Bagging 可用于对组合树强度和相关性进行持续的估计,进而导出泛化误差的上限,这些参数是衡量各个分类器的准确程度以及它们之间的依赖性的度量,这两者之间的相互作用为理解随机森林的工作原理奠定了基础。

6.4.2 分析内容

当获得的数据量十分庞大并且 0 值较多时，从中寻找对目标变量影响较大的关键因素较为困难，尝试达到这一目的的方法有很多，例如主成分分析、冗余分析、方差分解分析、回归分析和建模分析等；由于数据集的特性，随机森林算法为我们提供了另外的思路——获得那些能代表整体数据的少数变量。那么，这一思路是否能应用到寻找显著环境因子以及关键微生物上呢？答案是显而易见的，本节采用 R 实现随机森林分析，应用随机算法寻找影响整个微生物类群的关键微生物，即重要值较高的微生物。

实际操作如下。内容可在微信公众号"环微分析"后台回复"随机森林"获取。

（1）本次实操采用环境因子 env.xlsx 文件和丰度大于 0.1% 的 OTU 数据。将 envs.xlsx 文件另存为 envs.csv 文件（图 6-39）。物种数据来源于 E：\ qiimeshare \ exported-feature-table \ feature-table.txt，将 feature-table.txt 文件以 Excel 形式打开，取丰度大于 0.1% 的 OTU（数据处理参考 6.2.2.2 数据处理），另存为 otu.csv 文件（图 6-40）。将这两个文件放入 E：\ qiimeshare \ 随机森林中。

SMC	pH	grit	silt	clay	TN	TC/TN	TOC	TP	group
0.0082	8.25	92.55	7.1	0.66	1.15	4.94	5.67	0.17	DS
0.0106	8.47	89.4	9.51	1.09	1.2	4.96	5.94	0.32	DS
0.0109	8.36	89.97	8.81	1.21	1.52	6.22	9.52	0.31	DS
0.0334	7.74	83.8	13.66	1.73	1.78	8.78	15.46	0.48	TS
0.0642	7.2	80.55	17.89	1.56	2.41	10.27	24.69	0.57	TS
0.058	7.17	79.06	14.83	1.81	2.22	9.89	21.95	0.47	TS
0.144	6.96	83.21	14.61	2.19	3.11	8.58	26.65	0.66	MS
0.1187	7.09	79.07	18.76	2.17	2.54	7.64	19.45	0.61	MS
0.1389	7.37	74.55	22.2	3.24	2.77	7.23	19.99	0.6	MS

图 6-39 环境因子数据

69c6670e	6e7604ec	e7fe410af	01a70c9e	0c457766	d50f31dd	10381730cf	3d7e80d0	5044e688	93754453	f7f304664
78	238	43	195	116	50	22	99	61	55	89
90	35	103	220	171	116	12	66	52	62	0
317	78	75	205	285	148	23	218	61	81	52
407	81	249	180	133	170	97	103	98	96	135
304	148	143	54	43	43	53	162	57	86	29
107	155	183	66	55	84	30	56	51	95	109
39	235	88	50	53	35	88	0	106	95	92
131	114	272	36	109	156	158	58	138	81	78
59	310	73	39	55	57	319	24	113	46	74

图 6-40 物种数据

（2）打开 RStudio，选择 "File" > "New File" > "R Script"，新建手稿 Forest1.R，将 Forest1.R 保存在 E：\ qiimeshare \ 随机森林，关闭 RStudio。

（3）打开 Forest1.R，工作路径已经修改为 E：\ qiimeshare \ 随机森林。

（4）目标变量是分类变量，通过随机森林分析能够预测其他变量对该分组的重要性。

① 加载工具包，若未安装工具包可以执行 install. packages（"工具包名称"），安装工具包。

```
library("tidyverse")
library("randomForest")
library("rfUtilities")
library("rfPermute")
```

② 数据前处理。

envs<-read. csv（file. choose（））♯在弹出窗口中选择导入图 6-39 中整理好的环境因子数据

envs $ group<-factor（envs $ group）♯转换 group 列数据格式

③ 构建随机森林。

```
set. seed(123)
envs_rf <-randomForest（group~. , data = envs, importance = TRUE, proximity = TRUE)
envs _ rf
```

④ 检测模型中每个变量对目标变量的重要性。

```
set. seed(123)
envs_rfP<- rfPermute(group~. , data = envs, ntree = 500, na. action = na. omit, nrep = 100,
num. cores = 1)
envs_dat <-importance(envs_rfP, sort. by = NULL, decreasing = TRUE)
```

⑤ 查看 envs _ dat 文件，见图 6-41。

```
          DS    DS.pval         MS    MS.pval       TS    TS.pval  MeanDecreaseAccuracy
clay  6.317591 0.00990099  5.8278422 0.01980198 4.129479 0.06930693           7.091705
TP    6.205707 0.00990099  5.8609850 0.01980198 2.425194 0.19801980           6.709409
SMC   5.092342 0.01980198  5.9992033 0.01980198 3.076721 0.07920792           6.596508
TC.TN 5.723590 0.00990099  2.7420425 0.17821782 5.442869 0.06930693           6.516302
TN    5.301958 0.00990099  5.4501542 0.01980198 1.654787 0.25742574           5.780330
TOC   6.167275 0.02970297  1.8966081 0.25742574 2.372311 0.20792079           5.333861
pH    5.917724 0.02970297  2.8072960 0.10891089 2.333828 0.15841584           4.910373
silt  5.216238 0.00990099  2.0498002 0.12871287 1.671316 0.25742574           4.473003
grit  4.890723 0.02970297  0.2294278 0.34653465 1.030083 0.24752475           3.530632
      MeanDecreaseAccuracy.pval MeanDecreaseGini MeanDecreaseGini.pval
clay                 0.00990099        0.7495556            0.18811881
TP                   0.00990099        0.7082413            0.16831683
SMC                  0.00990099        0.6648317            0.16831683
TC.TN                0.03960396        0.7463778            0.27722772
TN                   0.00990099        0.8142952            0.01980198
TOC                  0.02970297        0.4191238            0.85148515
pH                   0.03960396        0.5382794            0.66336634
silt                 0.04950495        0.4581302            0.77227723
grit                 0.11881188        0.2993873            1.00000000
```

图 6-41 查看 envs_ dat 文件

图 6-41 前六列为对应的分组与 p 值，主要关注后四列的内容，"Mean Decrease Accuracy"是直接度量每个特征对模型精确率的影响，该值越大表示该变量

的重要性越大；"Mean Decrease Gini"是计算每个变量对分类树每个节点上观测值的异质性的影响，从而比较变量的重要性，该值越大表示该变量的重要性越大。"Mean Decrease Accuracy. pval"与"Mean Decrease Gini. pval"两列的值表明了每个环境因子的显著性数值。

⑥ 环境因子显著性情况可视化，以 Mean Decrease Accuracy 为例（图 6-42）。

```
#绘制环境因子显著性情况图形
envs_dat[,c("MeanDecreaseAccuracy","MeanDecreaseAccuracy.pval")] %>%
  as_tibble(rownames = "names") %>%
  mutate(label = if_else(MeanDecreaseAccuracy.pval<0.001,"***",
                         if_else(MeanDecreaseAccuracy.pval<0.01,"**",
                                 if_else(MeanDecreaseAccuracy.pval<0.05,"*","ns")))) %>%
  arrange(MeanDecreaseAccuracy) %>%
  mutate(group = if_else(label=="ns","In_sig","Sig"),
         names = forcats::fct_inorder(names)) %>%
  ggplot(aes(x = names, y = MeanDecreaseAccuracy))+
  geom_bar(aes(fill = group),stat = "identity")+
  geom_text(aes(y = MeanDecreaseAccuracy+0.5,label = label))+
  labs(x = "", y = "% Mean decrease accuracy")+
  coord_flip()
```

图 6-42　环境因子显著性情况可视化

由图 6-43 可知，对分组来说，砂粒显示为红色，表示为不显著的环境因子；而细粘粒是所有环境因子中重要性最大的（$p<0.01$）。注意：由于 TC/TN 中"/"识别成了"."，后续可输出该图的 pdf 格式，导入到 AI 等软件中进行修改。

（5）当目标变量是连续（数值）变量时，此时通过随机森林分析能够预测其他变量构成的模型对目标变量的解释量（% Var Explained）以及其他变量对该目标变量的重要性。

① 数据前处理　加载工具包如 6.4.2（4）中所示，然后进行数据导入。

otu<-read. csv(file. choose())♯　　在弹出窗口中选择图 6-40 的文件

TOC<-envs $ TOC♯　　直接从 envs 文件中将 TOC 列提取出来

TOC<-as. data. frame(TOC)♯　　转换数据格式

colnames(otu)<-paste("OTU",1:133,sep = "_")♯　　数值由文件的列数决定

otu<-cbind(otu, TOC)♯　　图 6-39 和图 6-40 中的数据已经根据样本情况一一对应好了,所以不需要表头直接合并即可,根据实际情况具体分析

② 随机森林计算，默认生成 500 棵决策树。

set. seed(123)

otu_forest<-rfPermute(TOC~. ,data = otu,importance = TRUE,ntree = 500,nrep = 99,

num. cores = 1)

otu_forest $ rf

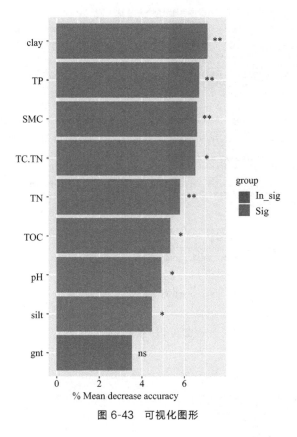

图 6-43　可视化图形

图 6-44 中的 ％ Var explained 值说明模型可以解释数据的 54.75％。

```
> otu_forest $rf

Call:
 randomForest(formula = TOC ~ ., data = otu, importance = TRUE,        ntree = 500, nrep = 99, num.cores = 1)
                Type of random forest: regression
                      Number of trees: 500
No. of variables tried at each split: 44

        Mean of squared residuals: 25.09789
                  % Var explained: 54.75
```

图 6-44　模型解释率

③ OTU 的重要性评估，查看表示每个预测变量（细菌 OTU）重要性的得分。
importance＿otu<- otu＿forest＄rf＄importance

④ 示例保留重要性排名前 10 的 OTU，重新计算随机森林（图 6-45）。

图 6-46 中抽取了较重要的前 10 个物种来构建新的随机森林模型，从 ％ Var explained 的数值变化来看，模型中预测变量对响应变量（TOC）有关方差的整体解释率达到了 68.93％，大于先前的 54.75％，这得益于排除了不重要或者高噪声的 OTU。

```
################## 保留一定OTU,并重新计算随机森林##################
#首先按照IncNodePurity排个序
importance_otu_IncNodePurity <- importance_otu[order(importance_otu[,2], decreasing = TRUE), ]# decreasing
= TRUE降序的意思
#再将原otu中的10种otu提取出来
otu.select <- importance_otu_IncNodePurity[1:10, ]
otu.select <- as.data.frame(otu.select)
otu.select <- otu[,row.names(otu.select)]
otu.select <- otu.select[rownames(env), ]
otu.select <- cbind(otu.select, env)
#用新的otu跑随机森林
set.seed(111)
otu_select_forest <- rfPermute(TOC~., data = otu.select, importance = TRUE, ntree = 1000,nrep = 1000, num
.cores = 1)
importance_otu_select_forest <- data.frame(importance(otu_select_forest, scale = TRUE), check.names =
FALSE)#scale = TRUE标准化
importance_otu_select_forest$OTU_name <- rownames(importance_otu_select_forest)
importance_otu_select_forest <- importance_otu_select_forest[order(importance_otu_select_forest[,3],
decreasing = TRUE), ]
importance_otu_select_forest$OTU_name <- factor(importance_otu_select_forest$OTU_name, levels =
importance_otu_select_forest$OTU_name)
#查看重新计算的随机森林的解释率情况
otu_select_forest$rf
#绘制OTU显著性图
p1 <- ggplot(importance_otu_select_forest, aes(OTU_name, IncNodePurity))+
  geom_col(width = 0.5, fill = '#FFC068', color = NA) +
  labs(title =NULL, x = NULL, y = 'IncNodePurity', fill = NULL) +
  theme(panel.grid = element_blank(), panel.background = element_blank(), axis.line = element_line(colour
= 'black')) +
  theme(axis.text.x = element_text(angle = 45, hjust = 1)) +
  scale_y_continuous(expand = c(0, 0), limit = c(0, 60)) +
  annotate('text', label = sprintf('italic(R^2) == %.2f', 68.93), x = 8, y = 50, size = 3, parse = TRUE)

p1
```

图 6-45　相关代码

```
> otu_select_forest$rf

call:
 randomForest(formula = TOC ~ ., data = otu.select, importance = TRUE,        ntree = 1000, nrep = 1000, num.cores = 1)
                Type of random forest: regression
                      Number of trees: 1000
No. of variables tried at each split: 3

          Mean of squared residuals: 17.23591
                    % Var explained: 68.93
```

图 6-46　新模型的解释率

⑤ 显著性 p 值校验（图 6-47）。

```
#################### 进行显著性P值校验#####################
######IncNodePurity
for (OTU in rownames(importance_otu_select_forest)) {
  if (importance_otu_select_forest[OTU,'IncNodePurity.pval'] >= 0.05) importance_otu_select_forest[OTU
,'IncNodePurity.sig'] <- ''
  else if (importance_otu_select_forest[OTU,'IncNodePurity.pval'] >= 0.01 &
importance_otu_select_forest[OTU,'IncNodePurity.pval'] < 0.05) importance_otu_select_forest[OTU
,'IncNodePurity.sig'] <- '*'
  else if (importance_otu_select_forest[OTU,'IncNodePurity.pval'] >= 0.001 &
importance_otu_select_forest[OTU,'IncNodePurity.pval'] < 0.01) importance_otu_select_forest[OTU
,'IncNodePurity.sig'] <- '**'
  else if (importance_otu_select_forest[OTU,'IncNodePurity.pval'] < 0.001)
importance_otu_select_forest[OTU,'IncNodePurity.sig'] <- '***'
}

p1 <- p1 +
  geom_text(data = importance_otu_select_forest, aes(x = OTU_name,  y=IncNodePurity, label = IncNodePurity
.sig),position="stack",stat="identity")

p1
```

图 6-47　显著性 p 值校验

图 6-48 中显示了 IncNodePurity 指数排名前 10 个物种的 OTU 排布，OTU _ 100 的条形图上有两颗"＊"，代表 $p < 0.01$；OTU _ 32 的条形图上有一颗"＊"，代表 $p < 0.05$，说明这两个序号代表的物种与 TOC 之间有显著差异。

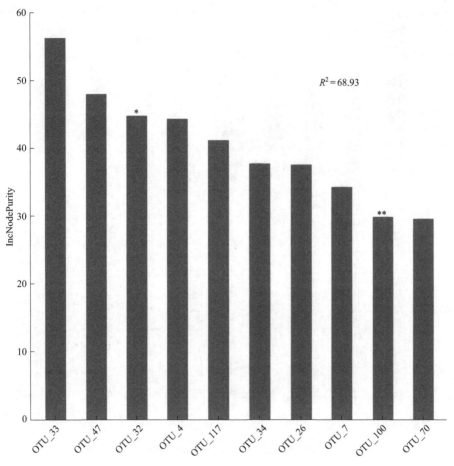

图 6-48　前 10 个重要物种排布图

⑥ 计算总体显著性。

```
library(A3)  #加载工具包
set. seed(333)
otu_forest. pval<-a3(TOC~., data = otu. select, model. fn = randomForest, p. acc = 0. 001,
model. args = list(importance = TRUE, ntree = 500))
otu_forest. pval
p1<-p1 +
annotate('text', label = sprintf('italic(P)<%.3f', 0. 001), x = 10, y = 45, size = 3)
p1
```

与图 6-48 相比，图 6-49 加入了整体 p 值的校验，$p<0.01$，代表筛选的 10 个较重要的物种与 TOC 之间总体差异显著。

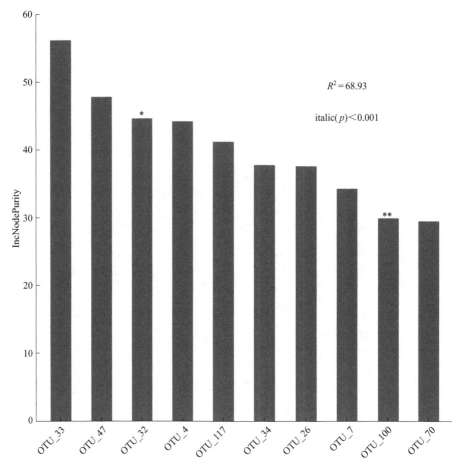

图 6-49　加入总体差异性的物种排布图

参 考 文 献

[1] Amir A，McDonald D，Navas-Molina J A，et al. Deblur rapidly resolves single-nucleotide community sequence patterns [J]. MSystems，2017，2（2）：e00191-16.

[2] Anderson M J. A new method for non-parametric multivariate analysis of variance [J]. Austral ecology，2001，26（1）：32-46.

[3] Aßhauer K P，Wemheuer B，Daniel R，et al. Tax4Fun：predicting functional profiles from metagenomic 16S rRNA data [J]. Bioinformatics，2015，31（17）：2882-2884.

[4] Bolyen E，Rideout J R，Dillon M R，et al. Reproducible，interactive，scalable and extensible microbiome data science using QIIME 2 [J]. Nature biotechnology，2019，37（8）：852-857.

[5] Breiman L. Random forests [J]. Machine learning，2001，45（1）：5-32.

[6] Callahan B J，McMurdie P J，Rosen M J，et al. DADA2：High-resolution sample inference from Illumina amplicon data [J]. Nature methods，2016，13（7）：581-583.

[7] Chao A，Lee S M. Estimating the number of classes via sample coverage [J]. Journal of the American statistical Association，1992，87（417）：210-217.

[8] Chao A，Shen T J. Nonparametric estimation of Shannon's index of diversity when there are unseen species in sample [J]. Environmental and ecological statistics，2003，10（4）：429-443.

[9] Chao A. Nonparametric estimation of the number of classes in a population [J]. Scandinavian Journal of statistics，1984，11：265-270.

[10] Chiarello M，McCauley M，Villéger S，et al. Ranking the biases：The choice of OTUs vs. ASVs in 16S rRNA amplicon data analysis has stronger effects on diversity measures than rarefaction and OTU identity threshold [J]. PloS one，2022，17（2）：e0264443.

[11] Chiu C H，Wang Y T，Walther B A，et al. An improved nonparametric lower bound of species richness via a modified good-turing frequency formula [J]. Biometrics，2014，70（3）：671-682.

[12] Clark D R，Ferguson R M W，Harris D N，et al. Streams of data from drops of water：21st century molecular microbial ecology [J]. Wiley Interdisciplinary Reviews：Water，2018，5（4）：e1280.

[13] Clarke K R. Non-parametric multivariate analyses of changes in community structure [J]. Australian journal of ecology，1993，18（1）：117-143.

[14] Davis J C，Sampson R J. Statistics and data analysis in geology [M]. New York：Wiley，1986.

[15] Douglas G M，Maffei V J，Zaneveld J R，et al. PICRUSt2 for prediction of metagenome functions [J]. Nature Biotechnology，2020，38：685-688.

[16] Edgar R C. Search and clustering orders of magnitude faster than BLAST [J]. Bioinformatics，2010，26（19）：2460-2461.

[17] Edgar R C. Updating the 97% identity threshold for 16S ribosomal RNA OTUs [J]. Bioinformatics，2018，34（14）：2371-2375.

[18] Hammer Ø，Harper D A T，Ryan P D. PAST：Paleontological statistics software package for education and data analysis [J]. Palaeontologia electronica，2001，4（1）：9.

[19] Jackson D A. Stopping rules in principal components analysis：a comparison ofheuristical and statistical approaches [J]. Ecology，1993，74（8）：2204-2214.

[20] McDonald D，Clemente J C，Kuczynski J，et al. The Biological Observation Matrix（BIOM）format or：how I learned to stop worrying and love theome-ome [J]. Gigascience，2012，1（1）：2047.

［21］ Nearing J T，Douglas G M，Comeau A M，et al. Denoising the Denoisers：an independent evaluation of microbiome sequence error-correction approaches ［J］. PeerJ，2018，6：e5364.

［22］ Podani J，Miklós I. Resemblance coefficients and the horseshoe effect in principal coordinates analysis ［J］. Ecology，2002，83（12）：3331-3343.

［23］ Ramette A. Multivariate analyses in microbial ecology ［J］. FEMS microbiology ecology，2007，62（2）：142-160.

［24］ Rognes T，Flouri T，Nichols B，et al. VSEARCH：a versatile open source tool for metagenomics ［J］. PeerJ，2016，4：e2584.

［25］ Schloss P D，Westcott S L，Ryabin T，et al. Introducing mothur：open-source，platform-independent，community-supported software for describing and comparing microbial communities ［J］. Applied and environmental microbiology，2009，75（23）：7537-7541.

［26］ Segata N，Izard J，Waldron L，et al. Metagenomic biomarker discovery and explanation ［J］. Genome Biol，2011，12（6）：R60.

［27］ Shannon P，Markiel A，Ozier O，et al. Cytoscape：a software environment for integrated models of biomolecular interaction networks ［J］. Genome research，2003，13（11）：2498-2504.

［28］ Stackebrandt E，Goebel B M. Taxonomic note：a place for DNA-DNA reassociation and 16S rRNA sequence analysis in the present species definition in bacteriology ［J］. International journal of systematic and evolutionary microbiology，1994，44（4）：846-849.

［29］ Wemheuer F，Taylor J A，Daniel R，et al. Tax4Fun2：prediction of habitat-specific functional profiles and functional redundancy based on 16S rRNA gene sequences ［J］. Environmental Microbiome，2020，15（11）.

［30］ 吴悦妮，冯凯，厉舒祯，等. 16S/18S/ITS扩增子高通量测序引物的生物信息学评估和改进 ［J］. 微生物学通报，2020，47（9）：2897-2912.

［31］ 姚天华，朱志红，李英年，等. 功能多样性和功能冗余对高寒草甸群落稳定性的影响 ［J］. 生态学报，2016，36（6）：12.